职业教育焊接专业系列教材
焊接专业"双证制"教学改革用书

弧焊电源

HUHAN DIANYUAN

主　编　张胜男　王建勋
参　编　郑复晓　赵文斌　金巨槐

第 4 版

本书是根据近年来各职业院校在教学过程中总结的经验和弧焊电源与设备不断的发展、更新情况，以及国家对职业教育、教学改革新的要求，结合部分使用本书师生的意见，在第3版基础上修订而成的。

本书内容主要分为3个模块，模块1为弧焊电源基础知识，介绍焊接电弧的物理本质和引燃方式、焊接电弧的结构、压降分布及伏安特性、焊接电弧的分类及特点以及弧焊工艺对弧焊电源的要求；模块2为典型弧焊电源介绍，包括弧焊变压器、弧焊整流器、脉冲弧焊电源、弧焊逆变器和数字化焊接电源等的结构特点、分类、应用和故障排除；模块3为弧焊设备及操作，介绍各种常用弧焊设备以及弧焊电源的选择、安装和使用等实用知识。

本书在编写过程中，从"以学生为主体，以能力为本位，以就业为导向"的教育理念出发，在内容组织上采用模块分解、任务引领的形式，体现理实一体的职业教育特色，特别是结合焊接专业技术岗位特点与生产实际组织内容，进而满足焊接工程技术人员及各级焊工对弧焊电源知识的要求。

本书主要用作高等职业院校及技师学院智能焊接技术专业的教材，同时可作为各类成人教育焊接专业的教材、各级焊工职业技能鉴定培训教材以及焊接工程技术人员的参考书。

为方便读者学习，本书配有微课、视频、动画等数字教学资源，并以二维码的形式植入书中，读者扫码即可浏览。本书还配有电子教案、电子课件和部分习题答案，选择本书作为教材的教师可登录机工教育服务网www.cmpedu.com 注册、免费下载。

图书在版编目（CIP）数据

弧焊电源/张胜男，王建勋主编. —4版. —北京：机械工业出版社，2022.1（2024.8重印）
职业教育焊接专业系列教材　焊接专业"双证制"教学改革用书
ISBN 978-7-111-70011-1

Ⅰ.①弧…　Ⅱ.①张…②王…　Ⅲ.①电弧焊-电源-高等职业教育-教材
Ⅳ.①TG434.1

中国版本图书馆 CIP 数据核字（2022）第 012161 号

机械工业出版社（北京市百万庄大街22号　邮政编码100037）
策划编辑：王海峰　　　　　责任编辑：王海峰　韩　静
责任校对：陈　越　张　薇　封面设计：张　静
责任印制：张　博
北京建宏印刷有限公司印刷
2024年8月第4版第4次印刷
184mm×260mm·12印张·290千字
标准书号：ISBN 978-7-111-70011-1
定价：39.80元

电话服务	网络服务
客服电话：010-88361066	机　工　官　网：www.cmpbook.com
010-88379833	机　工　官　博：weibo.com/cmp1952
010-68326294	金　书　网：www.golden-book.com
封底无防伪标均为盗版	机工教育服务网：www.cmpedu.com

前言

考虑到近年来各职业院校在教学过程中总结的经验和弧焊电源与设备的发展、更新情况，以及国家对职业教育、教学改革新的要求，结合部分使用本书师生的意见和建议，并经修订会议研讨，我们对本书第 3 版进行了修订，使其更为完善和实用，并符合职业教育特色和 "1+X" 精神的课证融通式教学的需要。本书第 4 版保留了第 3 版的基本体系和风格，并主要从以下几方面进行了修订：

1）对内容进行了重新规划，将内容按需要掌握的知识点分解为 3 个模块，即弧焊电源基础知识、典型弧焊电源介绍和弧焊设备及操作，使结构体系更加清晰，读者学习更加方便。

2）结合职业院校学生特点及需求，对本书第 3 版的部分内容进行了简化处理，适量减少了一些理论内容过深以及实用性不强的知识，如删减了典型弧焊电源的一些过于复杂的电路图及相关说明；删减了各类典型弧焊电源的相关工作原理与电路的分析和推导，并将本书第 3 版中对各类弧焊电源的分别单独介绍合并为总体介绍，使基础理论以应用为目的、以满足应用所需为度，使教学内容选择宽而精，加强了针对性和实用性。

3）结合弧焊电源与设备的不断发展、更新，对本书第 3 版的部分内容进行了补充处理，新增了数字化焊接电源、激光焊接设备、电子束焊接设备及焊接自动化配套焊接设备的介绍。此外还更新了大量典型焊接电源及弧焊设备等的实物图，并将节约用电与安全用电等思想渗透到日常教学中，强化学生安全、质量意识。

4）本书配有微课、视频、动画等数字教学资源，并以二维码的形式植入书中，读者扫码即可浏览。为了便于教学，本书还配备了电子教案、电子课件和部分习题答案。

为积极推进党的二十大精神进教材、进课堂、进头脑，全面贯彻党的教育方针，坚持落实立德树人根本任务，本书在重印修改时对素质教育内容进行了系统梳理和整体设计，结合学科专业特点，合理素质教育元素，在每一单元末增加了"焊接工匠"栏目，着力于培养学生爱岗、敬业、诚信的精神，用社会主义核心价值观铸魂育人，引导学生将大会精神与个人发展紧密结合，树立远大理想。

本书在编写过程中，从"以学生为主体，以能力为本位，以就业为导向"的教育理念出发，在内容组织上采用模块分解、任务引领的形式，体现理实一体的职业教育特色，特别是结合了焊接专业技术岗位特点和生产实际组织内容，以满足焊接工程技术人员及各级焊工对弧焊电源知识的需求。

本书由兰州石化职业技术学院张胜男和王建勋主编。兰州石化职业技术学院郑复晓和兰州石化公司金巨槐共同修订并编写第 7 单元，兰州石化公司赵文斌修订并编写第 2 单元和第 3 单元，其余部分由张胜男修订、编写。全书由张胜男审核并整理定稿。

本书是在第 3 版的基础上修订的，自然包含了各位原作者的辛勤劳动，编者在此向各位原作者表示由衷的谢意。

本书在编写和审稿过程中受到各兄弟院校有关同志的大力支持，在此向他们致以衷心的感谢。此外，编写时查阅了相关的参考文献，也在此向相关作（编）者表示谢意。

限于编者水平，书中缺点和错误在所难免，敬请读者批评指正。

编　者

二维码索引

名称	图形	页码	名称	图形	页码
1-接触式引弧示范教学		9	8-DC-1000埋弧自动焊机在生产中的典型应用		115
2-非接触式引弧示范教学		9	9-自动填丝的激光焊接过程		133
3-脉冲电弧特点		19	10-激光焊接设备的应用-板式换热器的激光焊接		133
4-动圈式弧焊变压器焊接参数调节示范教学		38	11-电子束焊接设备		135
5-ZD5-1250晶闸管式弧焊整流器在生产中的典型应用		54	12-电子束焊接原理		137
6-WZM1-400管子管板全位置数控脉冲氩弧焊机在生产中的典型应用		65	13-弧焊机器人用焊接电源介绍		139
7-数字化焊接电源典型产品介绍-逆变式多功能弧焊机NBC-210P		107	14-焊接电源的日常维护与保养		155

目录

前言
二维码索引

模块1 弧焊电源基础知识

绪论 2
第1单元 焊接电弧及对弧焊电源的要求 7
  综合知识模块1　焊接电弧的物理本质及引燃 7
    能力知识点1　焊接电弧的物理本质 7
    能力知识点2　焊接电弧的引燃 9
  【综合训练】 9
  综合知识模块2　焊接电弧的结构、压降分布及伏安特性 10
    能力知识点1　焊接电弧的结构及压降分布 10
    能力知识点2　焊接电弧的伏安特性 11
  【综合训练】 13
  综合知识模块3　焊接电弧的分类及特点 15
    能力知识点1　交流电弧 15
    能力知识点2　自由电弧 17
    能力知识点3　压缩电弧 18
    能力知识点4　脉冲电弧 19
  【综合训练】 20
  综合知识模块4　对弧焊电源的要求 20
    能力知识点1　对弧焊电源空载电压的要求 20
    能力知识点2　对弧焊电源外特性的要求 21
    能力知识点3　对弧焊电源调节特性的要求 24
    能力知识点4　对弧焊电源动特性的要求 26
  【综合训练】 27
  单元小结 29
  【大国工匠】 30

模块2 典型弧焊电源介绍

第2单元 弧焊变压器 34
  综合知识模块1　弧焊变压器的分类 34
  综合知识模块2　常用弧焊变压器 35

能力知识点 1	同体式弧焊变压器	35
能力知识点 2	动圈式弧焊变压器	37
能力知识点 3	动铁式弧焊变压器	39

【综合训练】 …… 40

综合知识模块 3　弧焊变压器的维护及故障排除 …… 42
　　能力知识点 1　弧焊变压器的维护 …… 42
　　能力知识点 2　弧焊变压器的常见故障及排除 …… 42
【综合训练】 …… 43
单元小结 …… 44
【大国工匠】 …… 45

第 3 单元　弧焊整流器 …… 48

综合知识模块 1　硅弧焊整流器 …… 48
　　能力知识点 1　硅弧焊整流器的组成 …… 48
　　能力知识点 2　硅弧焊整流器的分类 …… 49
　　能力知识点 3　硅弧焊整流器的常见故障及排除 …… 50
【综合训练】 …… 52
综合知识模块 2　晶闸管式弧焊整流器 …… 53
　　能力知识点 1　晶闸管式弧焊整流器的组成 …… 53
　　能力知识点 2　晶闸管式弧焊整流器的主要特点 …… 53
　　能力知识点 3　晶闸管式弧焊整流器的应用范围 …… 54
　　能力知识点 4　典型产品简介 …… 54
　　能力知识点 5　晶闸管式弧焊整流器的故障排除 …… 58
【综合训练】 …… 60
单元小结 …… 60
【焊接工匠】 …… 62

第 4 单元　脉冲弧焊电源 …… 65

综合知识模块 1　脉冲弧焊电源概述 …… 65
　　能力知识点 1　脉冲弧焊电源的特点及应用范围 …… 65
　　能力知识点 2　脉冲电流的获得方法 …… 66
　　能力知识点 3　脉冲弧焊电源的分类 …… 66
【综合训练】 …… 66
综合知识模块 2　单相整流式脉冲弧焊电源 …… 67
　　能力知识点 1　基本形式及特点 …… 67
　　能力知识点 2　产品介绍 …… 68
【综合训练】 …… 69
综合知识模块 3　磁饱和电抗器式脉冲弧焊电源 …… 69
　　能力知识点 1　基本原理及特点 …… 69
　　能力知识点 2　产品介绍 …… 70
【综合训练】 …… 70
综合知识模块 4　晶闸管式脉冲弧焊电源 …… 70
　　能力知识点　晶闸管断续器式脉冲弧焊电源基本原理、种类及特点 …… 71
【综合训练】 …… 72
综合知识模块 5　晶体管式脉冲弧焊电源 …… 73

| 能力知识点 1 | 模拟式晶体管脉冲弧焊电源 | 74 |
| 能力知识点 2 | 开关式晶体管脉冲弧焊电源 | 77 |

【综合训练】 79
单元小结 80
【焊接工匠】 81

第 5 单元　新型弧焊电源　83

综合知识模块 1　弧焊逆变器　83
　能力知识点 1　弧焊逆变器的基本知识　84
　能力知识点 2　晶闸管式弧焊逆变器　87
　能力知识点 3　晶体管式弧焊逆变器　96
　能力知识点 4　场效应晶体管式弧焊逆变器　100
　能力知识点 5　IGBT 式弧焊逆变器　103
【综合训练】 104
综合知识模块 2　数字化焊接电源　106
　能力知识点 1　现代焊接技术的发展趋势　106
　能力知识点 2　数字化焊接电源的释义　107
　能力知识点 3　数字化焊接电源的内涵　107
　能力知识点 4　数字化焊接电源产品介绍　107
【综合训练】 110
单元小结 111
【焊接工匠】 112

模块 3　弧焊设备及操作

第 6 单元　常用弧焊设备　115

综合知识模块 1　埋弧焊设备　115
　能力知识点 1　埋弧焊机的功能及分类　115
　能力知识点 2　埋弧焊机的自动调节原理　116
　能力知识点 3　典型埋弧焊机　116
　能力知识点 4　埋弧焊机的维护、常见故障及维修　118
【综合训练】 119
综合知识模块 2　熔化极气体保护焊设备　119
　能力知识点 1　焊接电源　119
　能力知识点 2　送丝系统　120
　能力知识点 3　焊枪　121
　能力知识点 4　供气及水冷系统　122
　能力知识点 5　控制系统　123
　能力知识点 6　CO_2 气体保护焊焊机的使用维护及常见故障的排除　123
【综合训练】 125
综合知识模块 3　钨极氩弧焊设备　125
　能力知识点 1　焊接电源　125
　能力知识点 2　引弧及稳弧装置　126
　能力知识点 3　焊枪　126

能力知识点 4	供气及水冷系统	127
能力知识点 5	控制系统	127
能力知识点 6	钨极氩弧焊焊机的维护、常见故障及维修	127

【综合训练】 128

综合知识模块 4　等离子弧焊及切割设备 128
　　能力知识点 1　等离子弧发生器 129
　　能力知识点 2　等离子弧焊设备 129
　　能力知识点 3　等离子弧切割设备 130
　　能力知识点 4　等离子弧切割设备的维护、常见故障及维修 131
【综合训练】 132

综合知识模块 5　激光焊接设备 132
　　能力知识点 1　激光焊接设备的组成 132
　　能力知识点 2　激光焊接设备的特点 132
　　能力知识点 3　激光焊接设备操作规程 133
【综合训练】 135

综合知识模块 6　电子束焊接设备 135
　　能力知识点 1　电子束焊接的特点 135
　　能力知识点 2　电子束焊接设备的分类 135
　　能力知识点 3　电子束焊接设备的组成及工作原理 137
【综合训练】 137

综合知识模块 7　焊接自动化配套焊接设备 137
　　能力知识点 1　焊接电源特点及要求 138
　　能力知识点 2　弧焊电源工艺性能对机器人焊接质量的影响 139
　　能力知识点 3　弧焊机器人用焊接电源 139
　　能力知识点 4　弧焊机器人用焊枪 140
　　能力知识点 5　通信方式 140
【综合训练】 141

单元小结 141

【焊接工匠】 142

第 7 单元　弧焊电源的选择及使用　144

综合知识模块 1　弧焊电源的选择 144
　　能力知识点 1　根据焊接电流种类选择弧焊电源 145
　　能力知识点 2　根据焊接工艺方法选择弧焊电源 146
　　能力知识点 3　根据弧焊电源功率选择弧焊电源 147
　　能力知识点 4　根据工作条件和节能要求选择弧焊电源 148
【综合训练】 149

综合知识模块 2　弧焊电源附件的选择及安装 149
　　能力知识点 1　弧焊电源附件的选择 150
　　能力知识点 2　弧焊电源的安装 152
【综合训练】 154

综合知识模块 3　弧焊电源的使用 154
　　能力知识点 1　使用及维护常识 155
　　能力知识点 2　弧焊电源的串、并联使用 155

能力知识点 3　弧焊电源的改装	157
【综合训练】	161
综合知识模块 4　节约用电及安全用电	161
能力知识点 1　节约用电	161
能力知识点 2　安全用电	162
能力知识点 3　焊接安全用电措施	165
能力知识点 4　触电急救常识	165
【综合训练】	166
单元小结	166
【焊接工匠】	167
附录	170
附录 A　电焊机型号编制方法	170
附录 B　常用弧焊电源的主要技术数据	173
参考文献	179

模块1　弧焊电源基础知识

绪 论

一、焊接的重要性及弧焊电源在焊接中的应用

1. 焊接的重要性

焊接是一种金属连接的方法，它是通过加热、加压或两者并用，并且使用或不用填充金属，使焊件间达到原子间结合的一种加工方法。也可以说，焊接是一种将材料永久连接，并形成具有给定功能结构的制造技术。国民经济的诸多行业都需要大量高档次的焊接结构。几乎所有的产品，从几十万吨的巨轮到不足 1g 的微电子元器件，在生产中都不同程度地依赖焊接技术。焊接已经渗透到制造业的各个领域，直接影响到产品的质量、可靠性、寿命以及生产的成本、效率和市场反应速度。我国现在钢材年总产量、消耗量已经双超 11 亿吨，成为世界上最大的钢材生产国和消费国。目前，钢材是我国最主要的结构材料。在今后 20 年中钢材仍将占有重要的地位。然而钢材必须经过加工才能成为有给定功能的产品。由于焊接结构具有重量轻、成本低、质量稳定、生产周期短、效率高及市场反应速度快等优点，焊接结构的应用日益增多，焊接加工的钢材总量也比其他加工方法多。而焊接电源是保证高质量焊接的首要必备条件。因此，发展我国制造业，尤其是装备制造业，必须高度重视焊接技术及其焊接电源的同步提高和发展。

2. 弧焊电源在焊接中的作用

电弧焊是焊接方法中应用最为广泛的一种焊接方法。据一些工业发达国家的统计，电弧焊在焊接生产总量中所占的比例一般都在 60% 以上。根据其工艺特点不同，电弧焊可分为焊条电弧焊、埋弧焊、气体保护焊和等离子弧焊等多种。

不同材料、结构的焊件，需要采用不同的电弧焊工艺方法，而不同的电弧焊工艺方法则需用不同的电弧焊机。例如，操作方便、应用最为广泛的焊条电弧焊，需要使用由对电弧供电的电源装置和焊钳组成的焊条电弧焊焊机；锅炉、化工、造船等工业领域广为使用的埋弧焊，需要使用由电源装置、控制箱和焊车等组成的埋弧焊机；适用于焊接化学性质活泼金属的气体保护电弧焊，需要使用由电源装置、控制箱、焊车（自动式焊机用）或送丝机构（半自动式焊机用）、焊枪、气路和水路系统等组成的气体保护电弧焊机；适用于焊接高熔点金属的等离子弧焊，则需要使用由电源装置、控制系统、焊枪或焊车、气路和水路系统等组成的等离子弧焊机。由上述可知，各种电弧焊方法所需的供电装置，即弧焊电源是电弧焊机的重要组成部分，它是对焊接电弧供给电能的装置，应满足电弧焊所要求的电气特性，这正是本课程将要系统讲述的内容。与弧焊电源配套的其他装置和设备部分，将在"焊接方法与设备"课程中讲述。

显然，弧焊电源的电气性能在很大程度上决定了焊接过程的稳定性。没有先进的弧焊电源，要实现先进的焊接工艺和焊接过程自动化是难以办到的。因此，应该对弧焊电源的基本理论、结构和性能特点进行深入的分析和研究，真正了解和正确使用弧焊电源，进而研制出新型的弧焊电源，使焊接质量和生产效率得到进一步提高。

二、弧焊电源的分类、特点及用途

弧焊电源种类很多，其分类方法也不尽相同。常用的是按弧焊电源输出的焊接电流波形分类。

焊接电流有交流、直流和脉冲电流三种基本类型，相应的弧焊电源有交流弧焊电源、直流弧焊电源和脉冲弧焊电源三种类型。

1. 交流弧焊电源

交流弧焊电源包括工频交流弧焊电源（弧焊变压器）和矩形波交流弧焊电源。

（1）工频交流弧焊电源　这种电源又称弧焊变压器，它把电网的交流电变成适合于电弧焊的低电压交流电，它由变压器、调节装置和指示装置等组成。弧焊变压器具有结构简单、易造易修、成本低、磁偏吹小、空载损耗小及噪声小等优点。但其输出电流波形为正弦波，因此，电弧稳定性较差，功率因数低，一般用于焊条电弧焊、埋弧焊和钨极稀有气体保护电弧焊等方法。

（2）矩形波交流弧焊电源　它是利用半导体控制技术来获得矩形波交流电流的。由于输出电流过零点时间短，电弧稳定性好，正负半波通电时间和电流比值可以自由调节，因此特别适合于铝及铝合金的钨极氩弧焊。

2. 直流弧焊电源

（1）弧焊发电机　这种电源一般由特种直流发电机、调节装置和指示装置等组成。弧焊发电机虽然曾经在焊接历史上发挥过重要作用，但由于存在制造复杂、噪声及空载损耗大、耗电量大、效率低和价格高等缺点，因此这种弧焊电源已经淘汰，本书不作介绍。

（2）弧焊整流器　它由主变压器、整流器及为获得所需外特性的调节装置、指示装置等组成，可将电网交流电降压整流后获得直流电。与弧焊发电机相比，弧焊整流器具有制造方便、价格低、空载损耗小、噪声小等优点，而且大多数弧焊整流器可以远距离调节焊接参数，能自动补偿电网电压波动对输出电压和电流的影响。它可作为各种弧焊方法的电源。

（3）逆变式弧焊电源　它将单相（或三相）交流电经整流后，由逆变器转变为几百至几万赫兹的中高频交流电，经降压后输出交流或直流电。整个过程由电子电路控制，使电源获得符合要求的外特性和动特性。这类弧焊电源具有高效节能、重量轻、体积小及功率因数高等优点，可应用于各种弧焊方法，是一种很有发展前途的普及型弧焊电源。

逆变式弧焊电源既可输出交流电，又可输出直流电，但目前常用后一种形式，因此又可把它称为逆变式弧焊整流器。

3. 脉冲弧焊电源

这种电源的焊接电流以低频调制脉冲方式馈送，一般由普通的弧焊电源与脉冲发生电路组成。它具有效率高、热输入较小及热输入调节范围宽等优点，主要用于气体保护电弧焊和等离子弧焊，对于焊接热敏感性大的高合金材料、薄板和全位置焊接具有独特的优点。

另外，弧焊电源也可按控制技术进行分类。可分为机械式控制、电磁式控制、电子式控制和数字式控制等四种类型。数字式控制又包括单片机控制、PLC/PLD 控制、ARM 控制和

DSP 控制等。

三、弧焊电源的历史、现状及发展趋势

1. 弧焊电源的发展历史

焊接技术的发展是与近代工业和科学技术的发展紧密相连的。弧焊电源又是弧焊技术发展水平的主要标志，它的发展与焊接技术的发展也是相互促进、密切相关的。

1802 年，俄国学者发现了电弧放电现象，并指出利用电弧热熔化金属的可能性。但是电弧焊真正应用于工业则是在 1892 年出现了金属极电弧焊接方法以后。当时，电力工业发展较快，弧焊电源本身也有了很大的改进。到 20 世纪 20 年代，除弧焊发电机外，已开始应用结构简单、成本低廉的弧焊变压器。随着生产的进一步发展，不仅需要焊接的产品数量增加了，而且许多产品对焊接质量的要求也提高了，加之焊接冶金科学的发展，20 世纪 30 年代，在薄药皮焊条的基础上研制成功了焊接性能优良的厚药皮焊条，更显示出了焊接方法的优越性。这个时期，由于机械制造、电机制造工业及电力拖动、自动控制等新科学技术的发展，也为实现焊接过程的机械化、自动化提供了物质条件和技术条件，于是在 20 世纪 30 年代后期，研制成功了埋弧焊。20 世纪 40 年代初，由于航空、核能等技术的发展，迫切需要轻金属或合金，如铝、镁、钛、锆及其合金等。这些材料的化学性质活泼，产品对焊接质量的要求又很高，氩弧焊就是为了满足上述要求而发展起来的新的焊接方法。20 世纪 50 年代，又相继出现了 CO_2 气体保护焊等各种气体保护电弧焊，以及随后出现的焊接高熔点金属材料的等离子弧焊。

各种焊接方法的问世，促进了弧焊电源的飞速发展，20 世纪 40 年代开始出现了用硒片制成的弧焊整流器。到了 20 世纪 50 年代末，大容量的硅整流器件和晶闸管的问世为发展新的弧焊整流器开辟了道路。20 世纪 70 年代以来，又相继成功研制了脉冲弧焊电源、逆变式弧焊电源和矩形波交流弧焊电源。

弧焊电源的飞速发展，不仅表现为种类的大量增加，还表现在广泛应用电子技术、控制技术（PID 控制、模糊控制、人工神经网络技术和智能控制）、计算技术等方面的理论知识和最新成就来不断提高弧焊电源的质量，改善其性能。例如，采用单旋钮调节，即用一个旋钮就可以对电弧电压、焊接电流和短路电流上升速度等同时进行调节，并获得最佳配合；通过电子控制电路获得多种形状的外特性，以适应各种弧焊工艺的需要；采用多种电压、电流波形，以满足某些弧焊工艺的特殊需要；采用电压和温度补偿控制；设置电流递增和电流衰减环节，以防止引弧冲击和提高填满弧坑的质量；采用计算机控制并支持记忆、预置焊接参数和在焊接过程中自动变换焊接参数等功能，使弧焊电源智能化。

2. 弧焊电源的现状及发展趋势

目前，我国弧焊电源制造与研究的状况与国民经济的需要仍不相适应，产品的品种、数量、质量、性能和自动化程度还远远不能满足使用部门的要求，与世界工业发达国家比较尚存在较大差距。为了适应我国工业现代化进程的需要，必须努力加快弧焊电源的研制，充分利用电子技术、计算机技术和大功率电子器件，不断提高产品质量；大力发展高效、节能、性能良好的新型弧焊电源，积极研制微机控制的弧焊电源，从而把弧焊电源的发展推向一个新阶段。

（1）焊接自动化技术的展望　电子技术、计算机微电子信息和自动化技术的发展推动

了焊接自动化技术的发展，这是不言而喻的。特别是数控技术、柔性制造技术和信息处理技术等单元技术的引入，促进了焊接自动化技术革命性的发展。

1) 焊接过程控制系统的智能化是焊接自动化的核心问题之一，也是人们未来开展研究的重要方向，因此应开展最佳控制方法方面的研究，包括线性和各种非线性控制。最具代表性的是焊接过程的模糊控制、神经网络控制以及专家系统的研究。

2) 焊接柔性化技术也是人们着力研究的内容。在未来的研究中，各种光、机、电技术与焊接技术将趋于有机结合，以实现焊接的精确性和柔性化。用微电子技术改造传统的焊接工艺设备是提高焊接自动化水平的根本途径。将数控技术配以各种焊接机械设备，以提高其柔性化和质量控制水平，是当前研究的一个方向。

3) 焊接控制系统的集成使人与技术和焊接技术与信息技术集成在一起。集成系统中信息流和物质流是其重要的组成部分，促进其有机地结合，可大大降低信息量和实时控制的要求。注意发挥人在控制和临机处理的响应和判断力，建立人机对话的友好界面，使人和自动系统和谐统一，是集成系统的不可低估的因素。

4) 提高焊接电源的可靠性、质量稳定性和可控性，以及其优良的动感特性，是焊接设备行业着重研究的课题。应开发研制具有调节电弧运动、送丝和焊接姿态，能探测焊缝坡口形状、温度场、熔池状态和熔透情况，适时提供焊接参数的高性能焊机，并应积极开发焊接过程的计算机模拟技术。总之，使焊接技术由"技艺"向"科学"演变，是实现焊接自动化的一个重要方面。

(2) 弧焊电源的发展趋势　弧焊电源从诞生到现在已有一百多年的历史，它总是随着科技的进步而发展，并且将朝着以下几方面发展：

1) 数字化弧焊电源。数字化弧焊电源的出现和发展是焊接技术的进步，有人甚至把它比作焊接技术的数字化革命。数字化弧焊电源具有焊接参数采集、存储、传输和分析的能力，而且能与计算机构成的局域控制网络，实现网络群控，这对于规范焊接生产，实现焊接质量的无人监控和管理具有非常重要的意义。数字化弧焊电源系统的控制精度高、产品稳定性、一致性和接口兼容性好，可以便捷地与外部设备建立数据交换通道。

2) 智能型弧焊电源。数字技术极大地推动了焊接电源性能的提高和功率的拓展，智能型弧焊电源已经从简单的焊接电弧功率供给单元向多功能复合的智能型焊接设备发展。现代控制理论的成熟，尤其是智能控制理论的发展，为弧焊电源的智能化开辟了广阔的前景。模糊控制、人工神经网络和变结构控制理论等在弧焊电源中的应用，可以十分方便地调整其外特性，同时获得良好的动特性，还可以调节送丝速度等参数，使得当某些焊接参数发生变化时，能保持熔深和弧长基本不变，还可大大降低手工电弧焊时对焊工熟练程度的依赖。

3) 节能型弧焊电源。早在2000年就有人提出节能型弧焊电源的概念。这是在全球资源与能源日渐紧缺，人们的环保意识逐渐增强的情况下提出的，节能型弧焊电源必将是未来弧焊电源的研制发展方向。

计算机技术、网络技术、控制技术及电力电子技术的发展对焊接电源的发展提供了保证。利用计算机的存储功能和高速、高精度数据处理能力，可使焊机向多功能化和智能化发展。在焊机中引入自适应控制、模糊控制和神经网络控制等现代控制方法，进行参数的优化、焊接质量的控制等，可降低对焊工操作水平的要求，进一步提高焊机的性能和适应性。各种控制技术在焊接电源设计及控制中的应用方式也是多种多样的，焊机的稳定性、可靠性及焊接质量将会是检验各种控制应用效果的最终标准。提高焊接电源的效率、降低焊接电源对电网的污染及电磁污染,开发自动控制的智能型绿色焊接电源已成为开发人员的共同目标。随着电力电子器件的发展和数字化芯片功能越来越强大,弧焊电源的数字化程度将越来越高。近年来,随着市场竞争的日趋激烈,提高焊接生产的效率、保证产品质量并实现焊接生产自动化的思路越来越得到焊接生产企业的重视。只有不断发展数字化和智能化的弧焊电源,才能实现焊接生产的自动化和智能化。

四、本课程的性质、任务、要求和分工

本课程的任务是使学生掌握各种常用弧焊电源的种类、结构、工作原理、性能、特点及使用、维护等方面的知识,及其控制、数字化控制技术的基本理论、基本知识和实验技能。本课程以"电工与电子技术"课程为基础,是智能焊接技术专业理论性和实践性较强的一门专业课。

学生在学完本课程后,应能达到以下要求:

1) 了解焊接电弧的产生机理及电特性,掌握交流电弧的特点及稳定燃烧条件。
2) 深入了解弧焊电源的性能和常用弧焊方法对弧焊电源的要求。
3) 掌握常用弧焊电源及弧焊设备基本结构和工作原理,熟悉其性能和特点,并且有正确选择、安装和使用的能力。
4) 能测试常用弧焊电源的主要性能指标,并对常见故障具有分析和排除的能力。

本课程的先修课为"电工与电子技术",其中的磁路、变压器、电抗器、硅整流电路、晶体管、晶闸管、场效应管、IGBT、快速整流管和磁性材料等为与本门课程有关的基础理论知识。本课程应安排在认识实习和实训之后,以便在授课前使学生对各种弧焊方法和所用设备有一定的感性认识。本课程为专业课的先行课,在电弧方面只讲授电弧的电特性,电弧的其他知识在其他课程中讲授。

第1单元

焊接电弧及对弧焊电源的要求

【学习目标】
1) 明确焊接电弧的物理本质、分类和焊接电弧的引燃条件。
2) 熟悉焊接电弧的结构、压降分布和伏安特性。
3) 了解焊接电弧的种类和特点。
4) 重点掌握焊接电弧的电特性和电源-电弧系统的稳定条件,弧焊电源外特性的形状及选择,对弧焊电源调节特性的要求。
5) 学会焊接电弧静特性的测试方法和弧焊电源外特性的测定方法。

综合知识模块1　焊接电弧的物理本质及引燃

焊接电弧不是一般的燃烧现象,它是在一定条件下电荷通过两极间气体空间的一种导电过程,如图1-1所示,也可以说是一种气体放电现象。焊接电弧是电弧焊的热源,而弧焊电源是为焊接电弧提供能量的设备。弧焊电源性能的好坏会直接影响电弧燃烧过程的稳定性,进而影响焊接过程的稳定性和焊接接头的质量。

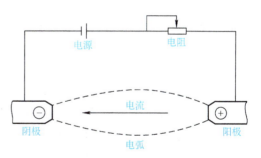

图1-1　焊接电弧导电示意图

能力知识点1　焊接电弧的物理本质

一般情况下,气体不含有带电粒子(如电子、正离子和负离子),而是由中性的分子或原子组成的。要使气体产生电弧并导电,必须使气体分子或原子电离成带电粒子,即气体电离;同时,为了使电弧维持"燃烧",还必须不断地输送电能给电弧,以补充气体电离时所消耗的能量,即电弧的阴极要不断地发射电子。综上所述,气体电离和阴极电子发射是电弧产生的必要条件。

1. 气体电离

在外加能量作用下,中性气体分子或原子分离成正离子和电子的现象称为气体电离。

气体分子或原子分离出一个外层电子所需要的最小能量称为电离能或电离功,当用电子伏特(eV)来衡量时,又称电离势或电离电位。气体电离势的大小与其原子内部结构有关。电离势大表示气体难电离,难导电,反之表示气体容易电离。碱金属的电离势较低,气体的电离势较高,稀有气体的电离势更高。一般排列顺序如下:钾、钠、铝、钙、铬、钛、钼、锰、镁、铜、铁、硅、氢、氧、氮、氩、氟、氦依次由左向右,其电离程度由易到难。这就是为什么在含钾、钠等稳弧剂的气氛中比较容易导电、引弧,电弧燃烧比较稳定的重要原因。

在焊接电弧中,根据引起电离的能量来源不同,电离有如下三种形式:

(1) 碰撞电离 碰撞电离是指在电场中,被加速的带电粒子与原子和分子相碰撞而产生的电离。

(2) 热电离 热电离是指在高温下,具有高动能的气体原子(或分子)在无规则的相互碰撞中产生的电离。

(3) 光电离 光电离是指气体原子(或分子)吸收光辐射的能量而产生的电离。

在高温焊接电弧中,主要是以热电离为主,而且进行得很激烈。

2. 阴极电子发射

阴极表面在外加能量作用下连续向外发射电子的现象称为阴极电子发射。在一般情况下,电子是不能离开金属表面向外发射的。要使其逸出金属电极表面而产生电子发射,必须给电子施加一定的能量。电子从阴极表面逸出所需要的能量称逸出功。逸出功不仅与元素的种类有关,而且与电极的表面状态有关,如电极表面有氧化物或其他杂质时,均可使逸出功大大降低。

按其能量来源不同,阴极电子发射可分为热电子发射、场致电子发射、光电子发射和撞击电子发射等四种形式。

(1) 热电子发射 阴极表面受热后,其中某些电子具有大于逸出功的动能而逸出到表面外的空间中去的现象称为热电子发射。实验证明,当阴极表面温度达到 2000~2500K 时,就能产生明显的热电子发射。热电子发射在焊接电弧中起着重要的作用,它随着温度的上升而增强。

因为金属表面有氧化物或杂质时逸出功大为降低,所以电弧焊接时,可通过掺入某些物质或氧化物来提高阴极表面的电子发射能力。例如,钨电极上含有少量的钍或铈的氧化物时,电子发射能力在高温下能增加数千倍。

(2) 场致电子发射 阴极表面温度虽然不很高,但当附近有强电场存在,并在表面附近形成较大的电位差时,阴极仍有较多的电子发射出来。这种由于在电场作用下而产生的电子发射称为场致电子发射。电场越强,则场致电子发射能力越强,甚至可以在室温时发生。

场致电子发射在焊接电弧中也起着重要的作用,特别是在非接触式引弧或电极为低熔点材料时,其作用更为明显。

(3) 光电子发射 阴极表面接受光辐射的能量而释放出自由电子的现象称为光电子发射。

(4) 撞击电子发射 运动速度较高、能量较大的重粒子(如正离子)撞击阴极表面,将能量传递给阴极而产生的电子发射,称为撞击电子发射。电场越强、阳离子的运动速度越快，则撞击电子发射的作用就越激烈。

阴极所用的材料不同，其电子发射形式也不同，有的以热电子发射为主，有的以场致电子发射为主，而光电子发射和撞击电子发射在焊接电弧中占次要地位。例如，当采用铜或铝等熔点较低的材料做阴极（称冷阴极）进行焊接时，因受材料本身熔点的限制，阴极表面无法达到很高温度，这时热电子发射就较弱，主要靠场致电子发射；当采用钨、碳等熔点较高的材料做阴极（称热阴极）时，因表面温度可被加热到很高温度（4000~5000K），使电子获得足够的能量而进行强烈的热电子发射，这时场致电子发射就居于次要地位了。

综上所述，焊接电弧的形成和维持，是在热、光、电场和粒子动能的作用下，气体原子或分子不断地被电离以及阴极电子发射的结果。

想一想 焊接时，气体的电离是产生电弧的重要条件，但是，如果只有气体电离而阴极不能发射电子，那么电弧是否能形成？

能力知识点2 焊接电弧的引燃

气体电离和阴极电子发射是电弧燃烧和维持的必要条件。造成两电极间气体发生电离和阴极电子发射并引起电弧燃烧的过程，称为焊接电弧的引燃。焊接电弧的引燃一般有两种方式：接触引弧和非接触引弧。

1. 接触引弧

弧焊电源接通后，电极（焊条或焊丝）与工件直接短路接触，随后迅速拉起电极（2~4mm）而引燃电弧，这种引弧方式称为接触引弧，它是一种最常用的引弧方式。

在接触引弧中，电极与焊件短路接触的方式有两种：撞击法和划擦法。焊接电弧引燃顺利与否，还与焊接电流、电弧中的电离物质、电源的空载电压及其特性等有关。如焊接电流大，电弧中又存在容易电离的元素，或电源的空载电压较高时，电弧引燃就容易。

小知识 两种接触引弧方法中，划擦法较易掌握，但有时会擦伤焊件表面，所以焊件表面不允许有划痕时不得使用。在使用碱性焊条时，为防止引弧处出现气孔，宜采用划擦法。

2. 非接触引弧

非接触引弧是指在引弧时，电极与焊件之间保持一定的间隙，然后在电极与焊件之间施以高电压，击穿间隙使电弧引燃。这是一种依靠高压电使电极表面产生电子发射来引燃电弧的方法。

非接触引弧主要应用于钨极氩弧焊和等离子弧焊。

【综合训练】

一、填空题（将正确答案填在横线上）

1. 电弧是一种_____的现象。
2. _____的过程叫气体电离。

3. 气体粒子受热的作用而产生的电离称为_____，温度越高，热电离作用越_____。
4. 电离的方式有_____、_____和_____等。
5. 中性粒子在光辐射的作用下产生的电离称为_____。
6. 阴极的金属表面连续向外发射出电子的现象，称为_____。
7. 电弧的产生和维持的必要条件是_____。
8. 根据吸收能量的不同，阴极电子发射可分为_____、_____和_____三种形式。

二、判断题（在题末括号内，对的画"√"，错的画"×"）
1. 电弧在含有钾、钠等元素的气氛中不容易引弧，在含有氢、氦等元素的气氛中容易引弧。（　　）
2. 气体电离的必要条件是有电场或热能的作用。（　　）
3. 若两电极间的电压越高，电场作用越大，则电离作用越弱。（　　）
4. 高频高压引弧法由于采用较高的电压，所以比较危险。（　　）
5. 接触短路引弧法可以用较低的空载电压产生焊接电流。（　　）

三、选择题（将正确答案的序号写在横线上）
1. 在下列电极材料中，电子逸出功最小的两个元素是_____。
A. 钾、钠　　　　B. 钠、钨　　　　C. 钾、铜　　　　D. 碳、铜
2. 原子产生电离所需要的能量，称为该元素的电离势，电离势很低的元素有_____。
A. 氢、氦　　　　B. 钾、钠　　　　C. 氢、氧　　　　D. 锂、钨
3. 焊接电弧的产生是在焊条或焊丝拉离焊件表面时，由于_____而产生大量电子，在电极间电场作用下，使气体发生电离而开始放电。
A. 热电子发射　　　　　　　　　　B. 强电场的场致电子发射
C. 热电子发射和强电场的场致电子发射　　D. 热发射和撞击电子发射

四、简答题
1. 什么是气体电离？
2. 什么是焊接电弧？焊接电弧是怎样产生的？
3. 电弧的实质是什么？它与一般的燃烧现象有什么异同点？
4. 维持电弧放电需满足什么条件？怎样满足？
5. 热电离与碰撞电离有本质上的不同吗？为什么？
6. 热电子发射与场致电子发射各有什么特点，分别在什么样的条件下起主要作用？

五、实践部分
组织学生在焊接实训场地进行引弧训练。

综合知识模块2　焊接电弧的结构、压降分布及伏安特性

能力知识点1　焊接电弧的结构及压降分布

焊接电弧沿其长度方向分为三个区域，如图1-2所示。紧靠负电极的区域为阴极区，紧

靠正电极的区域为阳极区，阴极区和阳极区之间的区域称为弧柱区。阳极区的长度为 10^{-4} ~ 10^{-3} cm，阴极区的长度为 10^{-6} ~ 10^{-5} cm，因此，电弧长度可近似认为等于弧柱长度。

沿着电弧长度方向的电压分布是不均匀的，靠近电极部分产生较强烈的电压降，即阴极区和阳极区的压降较大，这是由于电弧电流通过电极与电离气体之间边界的特殊条件所引起的。沿着弧柱长度方向的电压降可以认为是均匀分布的。这三个区的电压降分别称为阴极压降 U_i、阳极压降 U_y 和弧柱压降 U_z。它们组成了总的电弧电压 U_h，可表示为

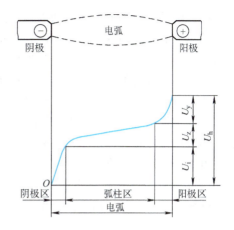

图 1-2　电弧结构和压降分布示意图

$$U_h = U_i + U_y + U_z \tag{1-1}$$

阳极压降基本不变（可视为常数），阴极压降在一定条件下基本上也是固定的，但弧柱压降则在一定气体介质下与弧柱长度成正比。因此式（1-1）可用经验公式表示为

$$U_h = a + bl_z \tag{1-2}$$

式中　a——阴极压降和阳极压降之和（V），可视为常数；
　　　b——单位长度弧柱压降（V/mm）；
　　　l_z——弧柱长度（mm），近似等于电弧长度。

显而易见，弧柱长度不同，则电弧电压不同。

> **小知识**　碳极电弧其阳极温度约为4200K，阴极温度约为3500K，分别占放出热量的43%和36%左右。弧柱区的温度比两极高，为5000~8000K。通常弧柱区放出的热量仅占电弧总热量的21%左右。

能力知识点 2　焊接电弧的伏安特性

焊接电弧的伏安特性即电特性，包括静态伏安特性（静特性）和动态伏安特性（动特性）。

1. 焊接电弧的静特性

在电极材料、气体介质和电弧弧长一定的情况下，电弧稳定燃烧时电弧电压和焊接电流之间的关系称为静特性。其数学表达式为 $U_h = f(I_h)$。

（1）焊接电弧的静特性曲线形状及其应用　焊接电弧是非线性负载，即电弧两端的电压与通过电弧的电流之间不是正比例关系。当电弧电流从小到大在很大范围内变化时，焊接电弧的静特性近似呈 U 形曲线，如图 1-3 所示。

U 形静特性曲线可看成由三个区段组成。在

> **想一想**　焊接电弧中弧柱区的温度很高，并且长度也远远大于阳极区和阴极区的长度，然而用于熔化金属的热量为什么主要来自于阳极区和阴极区，而不是弧柱区？

Ⅰ区段,电弧电压随着电流的增加而下降,称该段为下降特性段;在Ⅱ区段,电弧电压基本上不随电流的变化而变化,称该段为平特性段,或称恒压特性段;在Ⅲ区段,电弧电压随电流的增加而上升,称该段为上升特性段。

不同焊接方法的电弧静特性曲线有所不同,并且在其正常使用范围内并不包括电弧静特性曲线的所有区段。对于小电流钨极氩弧焊、微束等离子弧焊以及脉冲氩弧焊中的"维弧"状态,通常使用电弧静特性的下降段;对于焊条电弧焊、粗丝CO_2气体保护焊和埋弧焊,多工作在电弧静特性的水平段;对于细丝大电流CO_2气体保护焊、等离子弧焊,则通常工作在电弧静特性的上升段。

(2) 弧长对电弧静特性曲线的影响　当焊接电流不变时,弧长增加,电弧电阻增大,根据欧姆定律,电弧电压自然会增加,如图1-4所示。

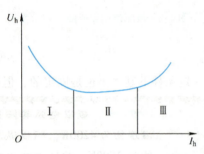

图1-3　焊接电弧的静特性曲线

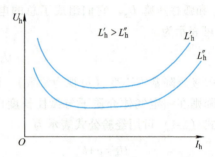

图1-4　弧长对电弧静特性曲线的影响

2. 焊接电弧的动特性

在焊接过程中,由于受到熔滴过渡等因素的影响,电弧电压和焊接电流时刻都在改变,即电弧永远处于动平衡状态。

所谓电弧的动特性,是指在一定的弧长下,当电弧电流以很快的速度变化时,电弧电压和焊接电流瞬时值之间的关系,即$u_h=f(i_h)$。

图1-5所示是某弧长下的电弧静特性曲线。如果电流由a点以很快的速度连续增加到d点后稳定下来,则随着电流的增加,电弧空间的温度升高。但是后者的变化总是滞后于前者,这种现象称为热惯性。当电流增加到i_b时,由于热惯性,电弧空间温度总是达不到稳定状态下对应于i_b的温度。因此,因电弧空间温度低,弧柱导电性差,维持电弧燃烧的电压不能降至b点,而保持在b'点,b'在b的上方。以此类推,对应于每一瞬间电弧电流的电弧电压,就不在曲线$abcd$上,而是沿$ab'c'd$变化。这就

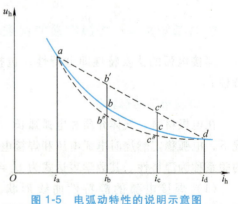

图1-5　电弧动特性的说明示意图

是说,在电流增加的过程中,动特性曲线上的电弧电压比静特性曲线上的电弧电压高。同理,当电弧电流由i_d迅速减少到i_a时,同样由于热惯性的影响,电弧空间温度来不及降低,此时对应每一瞬时电流的电压值将低于静特性曲线上的电弧电压,如图1-5中的曲线$ab''c''d$所示。

第1单元 焊接电弧及对弧焊电源的要求

【综合训练】

一、填空题（将正确答案填在横线上）

1. 沿弧柱长度方向，每厘米的电压降称为_____。
2. 阴极有_____和_____。
3. 阳极压降除与电流大小有关外，还与_____有关。
4. 焊接电弧静特性的_____段，电弧燃烧时不易稳定，故很少使用。
5. 焊接电弧静特性的_____段，用于细焊丝大电流密度的气体保护电弧焊、埋弧焊、等离子弧焊和水下焊接。

二、判断题（在题末括号内，对的画"√"，错的画"×"）

1. 电弧阳极区的作用是接受阴极发射并通过弧柱到达阳极的电子，产生通过弧柱到达阴极的正离子流。（　　）
2. 电弧弧柱电压与弧柱长度成正比。（　　）
3. 电弧阳极对电弧稳定的作用比阴极小。（　　）
4. 用热阴极材料碳、钨做阴极时，在电流通过零点灭弧的短时间内，由于温度高，热惯性又较大，电子发射能力仍很强，所以再引弧很容易。（　　）
5. 阴极压降和阳极压降在一定的电极材料和气体介质条件下，基本上是固定的数值。（　　）
6. 电弧电压仅仅取决于电弧的长度，当电弧被拉长时，电弧电压即升高。（　　）
7. 可以近似地认为弧柱长度即为电弧长度。（　　）
8. 冷阴极的电子发射以热电子发射为主。（　　）
9. 所有焊接方法的电弧静特性曲线，其形状都是一样的。（　　）
10. 弧长变化时，焊接电流和电弧电压都要发生变化。（　　）
11. 一种焊接方法只有一条电弧静特性曲线。（　　）
12. 一种焊接方法具有无数条电弧静特性曲线。（　　）
13. 在焊机上调节电流，实际上就是调节电弧静特性曲线。（　　）
14. 动特性是焊接电弧本身所具有的一种电特性。（　　）

三、选择题（将正确答案的序号写在横线上）

1. 焊接过程中电弧长度缩短时，电弧电压将_____。
   A. 升高　　B. 降低　　C. 不变　　D. 为零
2. _____区对焊条与母材的加热和熔化起主要作用。
   A. 阴极　　B. 弧柱　　C. 阳极　　D. 阴极和阳极
3. 电弧直流反接时，加热焊件的热量主要是_____。
   A. 电弧热　　B. 阳极斑点热　　C. 阴极斑点热　　D. 化学反应热
4. 电弧区域温度分布是不均匀的，_____区的温度最高。
   A. 阳极　　B. 阴极　　C. 弧柱　　D. 阴极斑点
5. 电弧静特性曲线呈_____。
   A. L形　　B. 上升型　　C. U形　　D. 陡降型

四、简答题

1. 什么是焊接电弧的静特性？
2. 焊接电弧电压由哪几部分组成？与焊接电弧长度的关系如何？
3. 什么是正极、负极和短路？
4. 直流电源的焊接电弧有几个区域？
5. 直流焊接电弧各部分的热量是怎样分布的？
6. 试述电弧静特性的意义，并分析 U 形曲线上升段形成的原因。
7. 影响电弧静特性的因素主要有哪些？简述影响理由。
8. 结合波形图分析电弧动特性的形成过程。

五、实践部分

焊接电弧静特性曲线测定实训

1. 实训目的

验证电弧静特性曲线的形状，加深对电弧静特性曲线测定原理的理解。

2. 实训原理

焊接电弧静特性是指一定长度的电弧在稳定燃烧状态下电弧电压与焊接电流之间的函数关系。由于焊接电弧是非线性负载，当焊接电流从小到大在很大范围内变化时，电弧的静特性曲线近似呈 U 形曲线。各种焊接方法的电弧静特性曲线有所不同，而且在其正常使用范围内并不包括电弧静特性曲线的所有段。影响电弧静特性的因素主要有气体介质成分和压力、弧长和电极材料等。其中弧长对电弧静特性的影响是：弧长增加，静特性曲线上移，即电弧电压升高。

3. 实训设备

弧焊电源	1 台
电压表	1 块
电阻箱	1 个
电流表	1 块
自制暗箱	1 个

4. 实训步骤

按图 1-6 所示接线。

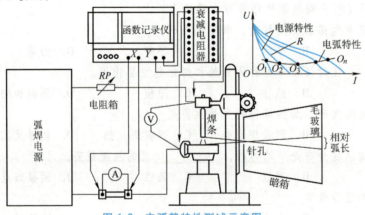

图 1-6 电弧静特性测试示意图

1)引燃电弧:通常在较小的电极间距下采用接触引弧。随即将弧焊电源及电阻箱调到尽可能小的外特性输出(较小的电流)。

2)调整并维持电弧长度为一定值:用图1-6所示装置的可视毛玻璃屏上电弧长度的阴影来控制电极的进给量,使弧长不变。观察并读出电流表及电压表的稳定值,得到最小工作点O_1的规范参数。

3)缓慢逐级调节弧焊电源及电阻箱使电源供电电流逐级增大:每增大一级,待电弧稳定后,读出各工作点(O_1,O_2,…,O_n)的电流、电压值,直至最大电流的稳定工作点。

4)亦可如图1-6所示连接函数记录仪,并由函数记录仪自动记录并绘出电弧静特性曲线。

5. 实训注意事项

1)各表每次读数时间要一致。

2)读数前必须尽量维持电弧长度不变。

3)电流调节要缓慢逐级进行。

4)用药皮焊条进行电极测试时,药皮熔化形成的套筒会使观察到的弧长小于实际弧长。此时可假设药皮熔化的速度是均匀的,并随着电流的增大而增加,应先测出各种电流下稳定燃烧的套筒长(可用突然拉长电弧的熄弧法),然后加上观察的弧长,即为整个电弧长度。

6. 实训报告要求

根据测量数据画出所测电弧的静特性曲线。以一定比例将工作点(O_1,O_2,…,O_n)的电压、电流值标出,并连成圆滑曲线,即为所求。

综合知识模块3 焊接电弧的分类及特点

焊接电弧的性质与弧焊电源的种类、电弧的状态、电弧周围的介质和电极材料等有关。从不同的角度,焊接电弧可作如下分类:

1)按电流种类,可分为交流电弧、直流电弧和脉冲电弧(包括高频脉冲电弧)。

2)按电弧状态,可分为自由电弧和压缩电弧。焊条电弧焊的电弧是自由电弧;等离子弧焊的电弧是压缩电弧。

3)按电弧周围介质,可分为焊条电弧焊电弧、焊剂层下"燃烧"的电弧、气体保护焊电弧以及介于明弧和埋弧之间的电弧。

4)按电极材料,可分为熔化极电弧和非熔化极电弧。例如,钨极氩弧焊电弧是非熔化极电弧,CO_2气体保护焊电弧是熔化极电弧。

下面重点介绍应用较广的交流电弧的电特性、特点及自由电弧中非熔化极电弧和熔化极电弧的特点,另外简单介绍压缩电弧和脉冲电弧的特点。

能力知识点1 交流电弧

以交流电形式向焊接电弧输送电能的电源称为交流弧焊电源,产生的焊接电弧是交流电弧。交流电弧的引燃和燃烧就其物理本质与直流电弧相同。直流电弧静特性同样适用于交流电弧,这时的U_h和I_h分别表示电弧电压和焊接电流的有效值。但是,作为弧焊电源负载的交流电弧，还有其特殊性。因此，在讨论对弧焊电源的要求之前，有必要介绍一下交流电弧的有关问题。

1. 交流电弧的特点

交流电弧一般是由频率为 50Hz 的交流电源供电。每秒钟电弧电流有 100 次过零点，即每秒钟电弧熄灭和再引燃 100 次。这就使交流电弧放电的物理条件得以改变，使交流电弧具有特殊的电和热的物理过程，它对电弧的稳定燃烧和对弧焊电源的要求有很大的影响。

交流电弧有以下特点：

（1）电弧周期性地熄灭和引燃　交流电弧在过零点改变极性时熄灭，电弧空间温度下降，此时电弧中异性带电粒子发生复合，降低了电弧空间的导电能力。只有当电源电压 u 增大到超过再引燃电压 U_{yr} 后，电弧才有可能被再次引燃。

（2）电弧电压和电流的波形发生畸变　由于电弧电压和电流是交变的，使电弧空间和电极表面的温度也随时变化，因而电弧电阻不是常数，而是随着电弧电流的变化而变化。这样，当电源电压按正弦曲线变化时，电弧电压和电流就不按正弦规律变化，而发生了畸变。

（3）热惯性作用较明显　由于电弧电压和电流变化得较快，而电弧热的变化滞后于电的变化。某一时刻的瞬时电流使电弧空间发生热电离的效应要推迟一定时间才能表现出来。因此，当电流从零增加到某一值和由峰值减小到同一值时，虽然两个电流的瞬时值相同，但是在电流增

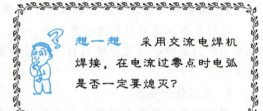

想一想　采用交流电焊机焊接，在电流过零点时电弧是否一定要熄灭？

大的过程中，电弧空间的热电离程度较低，电弧电压较高；而在电流减小的过程中，电弧空间的热电离较高，电弧电压较低。这种半个周期内同一瞬时电流值时的电弧电压瞬时值的差别，体现了交流电弧的动特性，使电弧电压瞬时值和电流瞬时值关系曲线呈回线形状。

2. 交流电弧连续燃烧条件

从交流电弧的特点可知，交流电弧燃烧时若有熄弧时间，则熄弧时间越长，电弧就越不稳定。为了保证焊接质量，必须将熄弧时间减小至零，即电弧在每次熄灭后能迅速地自行恢复燃烧，使交流电弧连续燃烧。

电弧的熄灭时间与电弧本身的参数、弧焊变压器的空载电压、电磁特性及焊接电路的阻抗类型有密切关系。对纯电阻性电路，即焊接电路的电阻值远远大于感抗值，通过理论分析可知，它总是存在一定的熄弧时间，不利于交流电弧的稳定燃烧；对电感性电路，根据其电压与电流的波形图（如图 1-7 所示）可以看出，只要电路中电感值 L 足够大，就能使焊接电流 i_h 滞后于电源电压 u 一定的相位角 φ，从而确保在 $\omega t = 0$，π，2π，…时，电源电压的值已经达到了引弧电压 U_{yr}，便能保证交流电弧连续、稳定地燃烧。

综上所述，要使交流电弧稳定燃烧，就应保

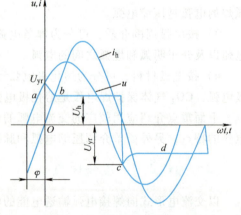

图 1-7　电感性电路交流电弧的电压和电流波形图

证焊接电路中有足够大的电感,这样才能保证电流改变极性时电弧能迅速地自行恢复燃烧,保证交流电弧稳定性,提高焊接质量。

3. 影响交流电弧燃烧的因素和提高电弧稳定性的措施

（1）影响交流电弧燃烧的因素

1）空载电压 U_0。U_0 越高,在相同的引弧电压下熄弧时间越短,电弧越稳定。一般条件下,在 U_{yr}/U_h = 1.3~1.5,即相应地 U_0/U_h = 1.5~2.4 时,电弧才能稳定燃烧。

2）再引燃电压 U_{yr}。再引燃电压对电弧的稳定燃烧有很大的影响。U_{yr} 值越大,电弧引燃越困难,电弧越不稳定。

3）电路参数。主电路的电感、电阻对电弧连续燃烧也有较大的影响。如当 $\omega L/R$ 不大时,增大 L 或减小 R,均可使电弧趋向稳定连续地燃烧。

4）焊接电流。焊接电流越大,电弧空间的热量就越多,而且电流变化率 di_h/dt 也越大,即热惯性作用越显著,将导致 U_{yr} 降低,电弧的稳定性提高。

5）电源频率 f。提高 f,周期和电弧熄灭时间相应缩短,也可提高电弧的稳定性。

6）电极的热物理性能和尺寸。电极的热物理性能和尺寸对电弧的连续燃烧有一定的影响。如果电极具有较大的热容量和热导率,或具有较大的尺寸和较低的熔点,就会使电极散热迅速,温度降低快,因而 U_{yr} 较大,增大电弧不稳定性。

（2）提高交流电弧稳定性的措施　为了提高交流电弧的稳定性,除了前面介绍的在焊接电路中要有足够大的电感外,还可以采取如下措施:

1）提高弧焊电源的频率。近几年来,由于大功率电子元器件和电子技术的发展,采用较高频率的交流弧焊电源已成为可能。

2）提高电源的空载电压 U_0。提高 U_0 能提高交流电弧的稳定性,但空载电压过高会带来对人身不安全、材料消耗增加及功率因数降低等不良后果,所以提高空载电压是有限度的。

3）改善电弧电流的波形。如果把正弦波改为矩形波,则电流过零点时将具有较大的增长速度,从而可降低电弧熄灭的倾向。

4）叠加高压电。在钨极交流氩弧焊时,由于铝焊件的热容量和热导率高,熔点低,尺寸又大,因而在负极性的半周再引燃困难。为此,需在这个半周再引燃电弧时加上高压脉冲或高频高压电,使电弧稳定燃烧,提高焊接质量。

能力知识点 2　自由电弧

1. 非熔化极电弧

非熔化极电弧,顾名思义在焊接过程中电极本身不熔化,没有金属熔滴过渡,通常采用稀有气体（如氩气、氦气等）保护。由于氦气十分昂贵,大多数情况下我国都采用氩气保护,电极多采用钨极或掺有少量稀土金属的钨极,如钍或铈,这种电弧通常称为钨极氩弧。

钨极氩弧又分为直流电弧与交流电弧两种。直流钨极氩弧一旦点燃之后,电弧非常稳定,电

小知识　电极材料有纯钨、铈钨和钍钨三种。纯钨的熔点约为 3380℃,要求电源的空载电压较高,且易烧损;钍钨电极具有微量放射性,对人体有害;铈钨电极克服了上述两种电极的缺点,所以目前生产中常用铈钨电极。

流最小可达5A，故经常用于薄板的焊接；交流钨极氩弧的电流每秒钟有100次过零点，故每秒钟要有100次重新引燃。除此之外，氩气的电离电压很高，所以氩弧的引燃电压比一般电弧要高得多，导致交流钨极氩弧的电弧稳定性较差。

2. 熔化极电弧

熔化极电弧，就是在焊接电弧燃烧过程中作为电弧的一个极不断熔化，并按一定规律过渡到焊件上去。根据电弧是否可见，熔化极电弧又可分为明弧和埋弧两大类。

明弧的电极也分两种：一种是在金属丝表面敷有药皮，即人们常见到的焊条电弧焊所用的焊条；另一种明弧是采用光电极，即光焊丝。在后一种情形下，通常为提高焊接质量而采用保护气体，以保护电弧燃烧稳定且不受大气中有害气体的影响。随着现代化科学技术的发展，出现了在焊丝中掺入合金元素的冶金技术，其中合金元素起保护作用，而不必采用保护气体，这种电弧称为自保护电弧。采用药芯焊丝的焊接电弧就属这种情况。

采用光焊丝的电弧多数用直流弧焊电源，特别是采用活性气体保护焊的电弧必须采用直流电源，而稀有气体保护焊的电弧则可采用脉冲弧焊电源、矩形波交流弧焊电源或普通的交流弧焊电源。

埋弧即指埋弧焊，它也是采用光焊丝，但在焊接过程中要不断地往电弧周围送给颗粒状焊剂，电弧被埋在焊剂层下燃烧，而燃烧的电弧不可见。因为焊剂中含有稳弧元素，故电弧能够稳定燃烧。这类电弧既可以是直流电弧，也可以是交流电弧。

在熔化极电弧焊中，电极不断地熔化并以一定形式过渡到焊缝中去，这就要求电极连续不断地向电弧区送进，以维持弧长的基本恒定。

对于普通的熔化极电弧，电极在熔化过程中形成的熔滴有大有小，短路过渡电弧是经常应用的电弧现象之一。这种电弧在燃烧过程中，不仅弧长发生激烈的变化，更主要的是在熔滴短路之后必有一个重新引燃电弧的问题存在。因此，有熔滴短路的电弧会变得不稳定，而需对弧焊电源提出很高的要求，如弧焊电源必须具备良好的动特性。

能力知识点3　压缩电弧

如果把自由电弧的弧柱强迫压缩，就可获得一种比一般电弧温度更高、能量更集中的电弧，即压缩电弧。压缩电弧典型实例就是等离子弧，它是利用热压缩、磁压缩和机械压缩效应，使弧柱截面缩小，能量集中，从而提高了电弧能量密度，形成高温等离子弧。等离子弧又分为以下三种形式：

（1）转移型等离子弧　使用这种电弧时，电极接负极，焊件接正极，等离子弧产生于电极与焊件之间，如图1-8a所示。如果电极有好的冷却条件或电极材料耐高温性能较好，则电极也可接正极，焊件接负极。

（2）非转移型等离子弧　使用这种电弧时，电极接负极，喷嘴接正极，等离子弧产生在电极与喷嘴表面之间，如图1-8b所示。

（3）混合型等离子弧　把上述两种等离子弧结合起来，工作时两种电弧同时存在，就称为混合型等离子弧，如图1-8c所示。它常用于微

小知识　等离子弧的最高温度可达24000～50000K，能量密度可达10^5～10^6 W/cm^3。且等离子弧几乎在整个弧长上都具有高温。钨极氩弧的最高温度为18000～24000K，能量密度在10^4W/cm^3以下。

束等离子弧焊和等离子弧喷焊。

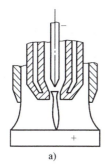 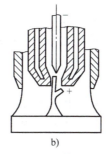 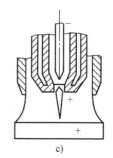

图 1-8 三种形式等离子弧示意图
a) 转移型 b) 非转移型 c) 混合型

这三种形式的等离子弧电极均是非熔化电极，因此它们除了具有高能量密度压缩电弧的特点外，还具有非熔化极自由电弧的特点，即影响电弧稳定燃烧的主要因素是电源电流和空载电压。要保持电弧的稳定燃烧，应尽可能使电源电流不变，并且空载电压较高。等离子弧通常是采用直流和脉冲电流，但也有采用交流的。

20 世纪 70 年代还出现了熔化极等离子弧的新形式，这种方法可以看作是等离子弧与熔化极电弧的结合。此时的等离子弧主要是在非熔化极与焊件之间形成，通过焊丝（熔化极）熔化实现熔滴过渡。因此，它同时具有压缩电弧和熔化极自由电弧的特点。

能力知识点 4　脉冲电弧

电流为脉冲波形的电弧称为脉冲电弧。近几十年来，脉冲电弧的应用得到了很大的发展，它可用于钨极、熔化极电弧焊。脉冲电弧可分为直流脉冲电弧和交流脉冲电弧。脉冲电弧电流周期地从基本电流（维弧电流）幅值增至脉冲电流幅值。也可以认为脉冲电弧是由维持电弧和脉冲电弧两种电弧组成的。维持电弧用于在脉冲休止期间维持电弧的稳定燃烧；脉冲电弧用于加热熔化焊件和焊丝，并能使熔滴从焊丝脱落并向焊件过渡。

脉冲电弧的电流波形有许多种形式，如常见的矩形波脉冲、梯形波脉冲、正弦波脉冲和三角形波脉冲等。图 1-9 所示为直流矩形波脉冲电流波形。脉冲电弧的基本参数有：

I_m——脉冲电流峰值（脉冲电流）。

I_j——基本电流。

t_1——脉冲宽度（脉冲时间）。

t_2——脉冲间隙时间（脉冲休止时间）。

T——脉冲周期（$T=t_1+t_2$）。

I_p——脉冲平均电流，对于矩形波脉冲，有

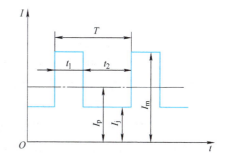

图 1-9　直流矩形波脉冲电流波形

$$I_p = I_j + (I_m - I_j)\frac{t_1}{T} = I_j + (I_m - I_j)K$$

式中　K——脉冲宽度$\left(K=\dfrac{t_1}{T}\right)$，也称占空比。

脉冲电弧的电流不是连续恒定的，而是周期变化的，因此，电弧的温度、电离状态和弧柱尺寸的变化均滞后于电流的变化。

在焊接过程中，因为脉冲电弧的电流为脉冲波形，因此在同样平均电流下，其峰值电流较大，熔池处于周期性地加热和冷却的循环之中，可调焊接参数也较多。所以，它就可以在较大范围内调节和控制焊接热输入及焊接热循环，能有效地控制熔滴的过渡、熔池的形成和焊缝的结晶，这是其独到之处。

脉冲电弧包括非熔化极脉冲电弧、熔化极脉冲电弧和脉冲等离子弧，这三种脉冲电弧既有共同之处，又各自具有自身的特点，这里不再详细介绍。

【综合训练】

分别进行焊条电弧焊、钨极氩弧焊、熔化极氩弧焊和等离子弧焊等焊接方法的施焊练习，体会各种电弧的特点。

综合知识模块 4　对弧焊电源的要求

弧焊电源是弧焊机的核心部分，是向焊接电弧提供电能的一种专用设备。它应具有一般电力电源所具有的特点，即结构简单、制造容易、节省电能、成本低、使用方便、安全可靠及维修容易等。但是，由于弧焊电源的负载是电弧，它的电气性能就要适应电弧负载的特性。因此，弧焊电源还需具备焊接的工艺适应性，即应具备容易引弧，能保证电弧稳定燃烧，焊接参数稳定、可调的特点。

能力知识点 1　对弧焊电源空载电压的要求

弧焊电源的空载电压是指弧焊电源处于非负载状态时的端电压，用 U_0 表示，它是弧焊电源的重要技术指标。弧焊电源空载电压的确定应遵循以下几项原则。

（1）保证引弧容易　引弧时焊条（或焊丝）和焊件接触，因为两者的表面往往有锈蚀及其他杂质，所以需要较高的空载电压才能将高电阻的接触面击穿，形成导电通路。再者，引弧时会使两极间隙的气体由不导电状态转变为导电状态，而气体的电离和电子发射均需较高的电场能，因此空载电压越高，引弧越容易。

（2）保证电弧的稳定燃烧　为确保交流电弧的稳定燃烧，要求 $U_0 \geqslant (1.8 \sim 2.25) U_h$。

（3）节约成本　当弧焊电源的额定电流 I_e 一定时，其额定容量 $P_e = U_0 I_e$，即 P_e 与 U_0 成正比，U_0 越高，则 P_e 越大，因此制造电源所消耗的铁、铜材料越多，成本也越高，同时还会增加能量的耗损，使弧焊电源的效率和功率因数均降低，故 U_0 不宜太高。

（4）保证人身安全　弧焊电源的空载电压越高，对操作者的安全越不利。因此，从保证操作安全考虑，U_0 不宜太高。

想一想　为什么提高空载电压就能提高电弧燃烧的稳定性？空载电压是否越高越好？

综合考虑上述因素，一般对弧焊电源空载电压的规定如下：

弧焊变压器　　　$U_0 \leq 80V$；

弧焊整流器　　　$U_0 \leq 85V$。

一般规定 U_0 不得超过 100V，在特殊用途中，若超过 100V 时，必须备有防触电装置。

能力知识点2　对弧焊电源外特性的要求

弧焊电源和焊接电弧是一个供电与用电系统。在稳定状态下，弧焊电源的输出电压和输出电流之间的关系称为弧焊电源的外特性，或弧焊电源的伏安特性，其表达式为 $U_y = f(I_y)$。

1. "电源-电弧"系统的稳定条件

在焊接过程中，弧焊电源是焊接电弧能量的提供者，焊接电弧是弧焊电源能量的使用者，因此，弧焊电源和焊接电弧组成"电源-电弧"系统，如图 1-10 所示。

"电源-电弧"系统的稳定条件包括两个方面，即系统的静态稳定条件和系统的动态稳定条件。

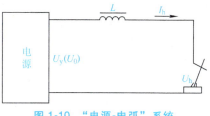

图 1-10　"电源-电弧"系统电路示意图

（1）系统的静态稳定条件　弧焊电源外特性和焊接电弧静特性都表示电压和电流之间的关系，因此可以将这两条特性曲线绘制在一张图上，如图 1-11 所示，从图中可以看出，在无外界因素干扰时，要保持"电源-电弧"系统的静态平衡，电源提供的能量必须等于电弧所需要的能量，即电源外特性曲线 1 和电弧静特性曲线 2 必须能够相交，如图 1-11 所示相交于 A_0、A_1 点，也可以表示为

$$U_y = U_h,\quad I_y = I_h \tag{1-3}$$

式中　U_y、U_h——稳定燃烧状态下电源电压和电弧电压（V）；

I_y、I_h——稳定燃烧状态下电源电流和焊接电流（A）。

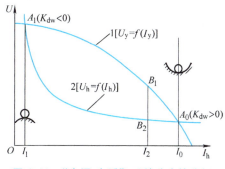

图 1-11　"电源-电弧"系统稳定性分析

式（1-3）即系统的静态稳定条件。

（2）系统的动态稳定条件　在实际焊接过程中，由于操作的不稳定、焊件表面的不平整或电网电压的波动等外界干扰，会产生工作点的偏移，使系统的供求平衡状态遭到破坏。

由图 1-11 可以看出，如系统在 A_1 点工作，当焊接电流增加时，出现供大于求的情况，会使焊接电流继续增大，即不能回到工作点 A_1，如果焊接电流减小，则出现相反的情况，使焊接电流继续减小，直至电弧熄灭。因此 A_1 不是稳定的工作点，但如果系统在 A_0 点工作，当由于外界因素的干扰偏离 A_0 点时，都能使系统自动恢复到平衡点 A_0。以上分析说明，A_0 点是稳定的工作点，A_1 点不是稳定的工作点。

系统的动态稳定条件还可以用数学的方法解释，即电弧静特性曲线在工作点处的斜率必须大于电源外特性曲线在该工作点处的斜率，即

$$K_{dw} = \left(\frac{dU_h}{dI_h} - \frac{dU_y}{dI_y}\right) > 0 \tag{1-4}$$

式中　K_{dw}——动态稳定系数。

2. 弧焊电源外特性曲线的形状及选择

弧焊电源的外特性一般为下降特性和平特性两大类，如图 1-12 所示。

为了满足 $K_{dw}>0$，当电弧工作在静特性曲线的下降段时，$dU_h/dI_h<0$，应使电源外特性曲线比电弧静特性曲线更为陡降；当电弧工作在静特性曲线的水平段时，$dU_h/dI_h \approx 0$，应使 $dU_y/dI_y<0$，即要求电源外特性曲线是下降的；当电弧工作在静特性曲线的上升段时，$dU_h/dI_h>0$，电源外特性曲线可以是下降的、平的或略微上升的。

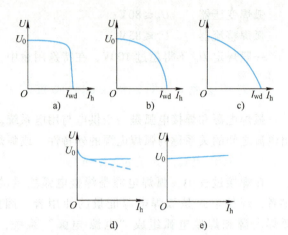

图 1-12 弧焊电源的几种外特性曲线
a) 垂直陡降特性 b) 陡降特性 c) 缓降特性
d) 平特性（恒压特性） e) 平特性（稍上升）

电源的外特性形状除了影响"电源-电弧"系统的稳定性之外，还影响着焊接参数的稳定。在外界有干扰的情况下，将引起系统工作点移动和焊接参数出现静态偏差。为获得良好的焊缝成形，要求焊接参数的静态偏差越小越好，即要求焊接参数稳定。

有时某种形状的电源外特性可满足"电源-电弧"系统的稳定条件，即 $K_{dw}>0$，但却不能保证焊接参数稳定。因此，一定形状的电弧静特性，需选择适当形状的电源外特性与之匹配，才能既满足系统的稳定条件，又能保证焊接参数稳定。

下面结合具体焊接方法对电源外特性曲线的选择进行具体分析。

（1）焊条电弧焊　焊条电弧焊一般工作在电弧静特性的水平段。采用下降外特性的弧焊电源，就可满足系统稳定性的要求。但是怎样下降的外特性曲线才更合适，还得从保证焊接参数稳定来考虑。

图 1-13 中曲线 1 和曲线 2 是陡降度不同的两条电源外特性曲线。弧长从 l_1 增至 l_2 时，电弧静特性曲线与下降陡度大的电源外特性曲线 1 的交点 A_0 移至 A_1，电弧电流偏移了 ΔI_1，而与下降陡度小的电源外特性曲线 2 的交点由 A_0 移至 A_2，电流偏差为 ΔI_2，显然 $\Delta I_2>\Delta I_1$。当弧长减小时，情况类同。由此可见，当弧长变化时，电源外特性下降的陡度越大，则电流偏差就越小，焊接电弧和焊接参数稳定。但外特性陡降度过大时，稳态短路电流 I_{wd} 过小，影响引弧和熔滴过渡；陡降度过小的电源，其稳态短路电流 I_{wd} 又过大，焊接时产生的飞溅大，电弧不够稳定。因此，陡降度过大和过小的电源均不适合焊条电弧焊，故规定弧焊电源的外特性应满足下式，即

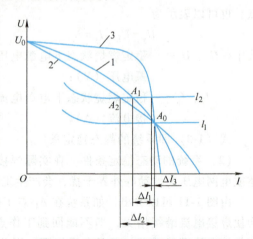

图 1-13 弧长变化时引起的电流偏移

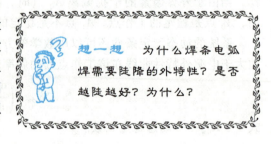

想一想　为什么焊条电弧焊需要陡降的外特性？是否越陡越好？为什么？

$$1.25 < \frac{I_{wd}}{I_h} < 2 \tag{1-5}$$

最好是采用恒流带外拖特性的弧焊电源,如图 1-14 所示。它既可体现恒流特性焊接参数稳定的特点,又通过外拖增大短路电流,提高了引弧性能和电弧熔透能力。

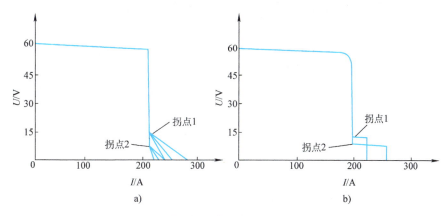

图 1-14　电源恒流带外拖特性曲线示意图

a) 外拖为下倾斜线　b) 外拖为阶梯曲线

(2) 熔化极电弧焊　熔化极电弧焊包括埋弧焊、熔化极氩弧焊 (MIG)、CO_2 气体保护焊和含有活性气体的混合气体保护焊 (MAG) 等。这些焊接方法在选择合适的电源外特性工作部分的形状时,既要根据其电弧静特性的形状,又要考虑送丝方式。根据送丝方式不同,熔化极电弧焊可分为以下两种。

1) 等速送丝控制系统的熔化极电弧焊。CO_2、MAG、MIG 焊或细丝 (直径 $\phi \leq 3mm$) 的直流埋弧焊,电弧静特性均是上升的。电源外特性为下降、平、微升 (但上升陡度需小于电弧静特性上升的陡度) 都可以满足"电源-电弧"系统稳定条件。对于这些焊接方法,特别是半自动焊,电弧的自身调节作用较强,焊接过程的稳定,是靠弧长变化时引起焊接电流和焊丝熔化速度的变化来实现的。弧长变化时,如果引起的电流偏移越大,则电弧自身调节作用就越强,焊接参数恢复得就越快。

如图 1-15 所示,曲线 1 和曲线 2 各为近于平的和下降的电源外特性,曲线 3 为某一定弧长时的电弧静特性。当弧长发生变化时,具有平特性的电源 (曲线 1) 所引起的电流偏移量 ΔI_1 大于下降特性的电源 (曲线 2) 引起的电流偏移量 ΔI_2,表明前者的弧长恢复得快,其自身调节作用较强。因此当电流密度较大,电弧静特性为上升阶段时,应尽可能选择平外特性的电源,使其自身调节作用足够强烈,焊接参数稳定。

2) 变速送丝控制系统的熔化极弧焊。通常的埋弧焊 (焊丝直径大于 3mm) 和一部分 MIG 焊,它们的电弧静特性是平的,为了满足 $K_{dw} > 0$,只能选择下

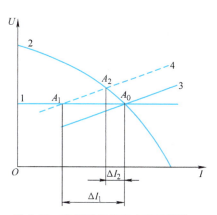

图 1-15　电弧静特性为上升形状时,
电源外特性对电流偏差的影响

降外特性的电源。因为这类焊接方法的电流密度较小，自身调节作用不强，不能在弧长变化时维持焊接参数稳定，应该采用变速送丝控制系统（也称电弧电压反馈自动调节系统），即利用电弧电压作为反馈量来调节送丝的速度。当弧长增加时，电弧电压增大，电压反馈使送丝速度加快，使弧长得以恢复；当弧长减小时，电弧电压减小，电压反馈使送丝速度减慢，使弧长得以恢复。显然，陡降度较大的外特性电源在弧长或电网电压变化时所引起的电弧电压变化较大，电弧均匀调节的作用也较强。因此，在电弧电压反馈自动调节系统中应采用具有陡降外特性曲线的电源，这样电流偏差较小，有利于焊接参数的稳定。

（3）非熔化极电弧焊　这种弧焊方法包括钨极氩弧焊（TIG）、等离子弧焊以及非熔化极脉冲弧焊等。它们的电弧静特性工作部分呈平的或略上升的形状，影响电弧稳定燃烧的主要参数是电流，而弧长变化不像熔化极电弧那样大。为了尽量减小由外界因素干扰引起的电流偏移，应采用具有陡降特性的电源，如图 1-12a、b 所示。

能力知识点 3　对弧焊电源调节特性的要求

焊接时，由于焊件的材料、厚度及几何形状不同，选用的焊条（或焊丝）直径及采用的熔滴过渡形式也不同，因而需要选择不同的焊接参数，即选择不同的电弧电压 U_h 和焊接电流 I_h 等。为满足上述要求，电源必须具备可以调节的性能。

当弧长一定时，每一条电源外特性曲线与电弧静特性曲线相交且只有一个稳定工作点，也就是只有一组电弧电压和焊接电流值。因此，为了获得一定范围的所需电弧电压和焊接电流，弧焊电源必须具有若干条可均匀调节的外特性曲线，以使其与电弧静特性曲线相交，得到一系列稳定工作点，如图 1-16~图 1-18 所示。弧焊电源这种外特性可调的性能，称弧焊电源的调节特性。

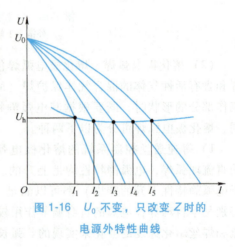

图 1-16　U_0 不变，只改变 Z 时的电源外特性曲线

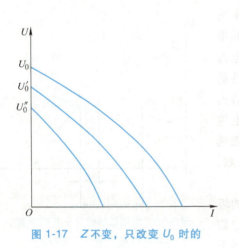

图 1-17　Z 不变，只改变 U_0 时的电源外特性曲线

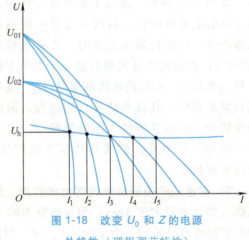

图 1-18　改变 U_0 和 Z 的电源外特性（理想调节特性）

由图1-10可知,在稳定工作的条件下,电弧电压、焊接电流、电源空载电压和焊接回路的等效阻抗 Z 之间的关系可表示为

$$U_h = \sqrt{U_0^2 - I_h^2 |Z|^2} \quad \text{或} \quad I_h = \frac{\sqrt{U_0^2 - U_h^2}}{|Z|} \tag{1-6}$$

由式(1-6)可知,给定焊接电流 I_h 时,调节电弧电压或给定电弧电压 U_h 来调节焊接电流 I_h 都可以通过调节空载电压 U_0 和等效阻抗 Z 来实现。当 U_0 不变,改变 Z 时,可得到一组外特性曲线,如图1-16所示。当 Z 不变时,改变 U_0,也可得到一组外特性曲线,如图1-17所示。若弧焊电源能保证在所需的宽度范围内均匀而方便地调节工艺参数,并能满足电弧稳定燃烧、焊缝成形好等工艺要求,就认为该电源调节性能良好。

不同的焊接方法对弧焊电源调节特性提出不同的要求。

1. 焊条电弧焊

焊条电弧焊焊接电流 I_h 的调节范围大,通常在100~400A之间,即使电弧电压 U_h 不变,也能保证得到所要求的焊缝成形,所以在焊接不同厚度的焊件时,电弧电压 U_h 一般保持不变,只改变焊接电流 I_h 即可。因为 U_h 不变,所以 U_0 也不需做相应的改变,只要改变 Z 就可达到调节焊接电流的目的,因此图1-16所示就是焊条电弧焊常用的调节特性。

但是,当使用小电流焊接时,由于电流小,热电子发射能力弱,需要靠强电场作用才容易引燃电弧,这就要求电源应有较高的空载电压;当使用大电流焊接时,空载电压可以降低。通常把能这样改变外特性的弧焊电源称为具有理想调节特性的弧焊电源,如图1-18所示。

2. 埋弧焊

在埋弧焊中,焊缝成形与焊接参数关系密切。一般当焊接电流 I_h 增加时,焊缝熔深随着增大;当电弧电压 U_h 增加时,熔宽增加。

埋弧焊时,要求焊缝的熔深与熔宽之间应保持一定的比例关系。因此,在增加焊接电流时,电弧电压也要增加。埋弧焊电源应具有如图1-17所示的调节特性。

3. 等速送丝气体保护电弧焊

电弧静特性为上升的等速送丝气体保护电弧焊,可选用如图1-19所示的平外特性电源。其中,图1-19a所示的调节方式优于图1-19b所示的调节方式。

4. 可调参数

(1) 平特性弧焊电源调节特性参数

1) 工作电压 U_g:它是在焊接时电源输出的负载电压。为保证一定的电弧电压 U_h,要求工作电压 U_g 随工作电流增大而增大。根据生产经验规定工作电压与工作电流的关系为一缓升直线,这条直线称为负载特性。应根据负载特性确定电源的电流或电压调节范围。

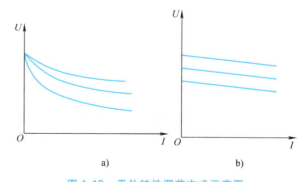

图1-19 平外特性调节方式示意图
a) U_0 不变,改变 Z b) Z 不变,改变 U_0

GB 15579.1—2013 规定的 MIG/MAG 焊和药芯电弧焊负载特性为：

当 $I_h < 600A$ 时，$U_g = (14 + 0.05 I_h)$ V；当 $I_h > 600A$ 时，$U_g = 44$ V。

2) 工作电流 I_g：它是电弧焊接时的电弧电流，即焊接电流 I_h。

3) 最大工作电压 U_{gmax}：它是弧焊电源能调节输出的与规定负载特性相对应的最大电压。

4) 最小工作电压 U_{gmin}：它是弧焊电源能调节输出的与规定负载特性相对应的最小电压。

5) 工作电压调节范围：它是弧焊电源在规定负载条件下，经调节而获得的工作电压范围，如图 1-20 所示的 $U_{gmax} \sim U_{gmin}$。

(2) 下降特性弧焊电源调节特性参数

1) 工作电流 I_g：它的定义同平特性电源。

2) 工作电压 U_g：它的定义同平特性电源。

GB 15579.1—2013 规定的焊条电弧焊和埋弧焊负载特性为：

当 $I_h < 600A$ 时，$U_g = (20 + 0.04 I_h)$ V；当 $I_h > 600A$ 时，$U_g = 44$ V。

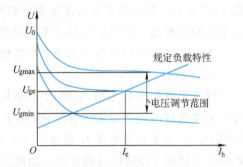

图 1-20 平外特性弧焊电源的调节特性

GB 15579.1—2013 规定的 TIG 焊负载特性为：

当 $I_h < 600A$ 时，$U_g = (10 + 0.04 I_h)$ V；当 $I_h > 600A$ 时，$U_g = 34$ V。

3) 最大焊接电流 I_{hmax}。它是弧焊电源能调节获得的与负载特性相对应的最大电流。

4) 最小焊接电流 I_{hmin}。它是弧焊电源能调节获得的与负载特性相对应的最小电流。

5) 工作电流调节范围。它是弧焊电源在规定负载特性条件下能调节获得的焊接电流范围。通常要求：

$I_{hmax}/I_e \geq 1.0$（I_e 为额定焊接电流）。

$I_{hmin}/I_e \leq 0.25$，如图 1-21 所示。

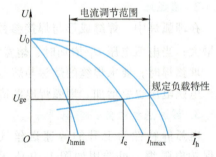

图 1-21 下降特性弧焊电源的调节特性

能力知识点 4　对弧焊电源动特性的要求

所谓弧焊电源的动特性，是指电弧负载状态发生突变时，弧焊电源输出电压与电流的响应过程，可以用弧焊电源的输出电流 $i_h = f(t)$ 和电压 $u_h = f(t)$ 来表示，它反映弧焊电源对负载瞬时变化的适应能力。只有当弧焊电源的动特性合适时，才能获得预期有规律的熔滴过渡，并使电弧稳定，飞溅小和焊缝成形良好。

对动特性的要求主要有以下几点。

(1) 合适的瞬时短路电流峰值　焊条电弧焊时，从有利于引弧、加速金属的熔化和过渡、缩短电源处于短路状态的时间等方面考虑，希望短路电流峰值大一些好；但短路电流峰值过大会导致焊条和焊件过热，甚至使焊件烧穿，并会使飞溅增大。因此必须要有合适的瞬时短路电流峰值。

（2）合适的短路电流上升速度　短路电流上升速度太小不利于熔滴过渡；短路电流上升速度太大则飞溅严重。所以，必须要有合适的短路电流上升速度。

（3）合适的恢复电压最低值　在进行直流焊条电弧焊开始引弧时，当焊条与焊件短路被拉开后，即在由短路到空载的过程中，由于焊接电路内电感的影响，电源电压不能瞬间就恢复到空载电压 U_0，而是先出现一个尖峰值（时间极短），紧接着下降到电压最低值 U_{min}，然后再逐渐升高到空载电压。这个电压最低值 U_{min} 就叫恢复电压最低值。如果 U_{min} 过小，即焊条与焊件之间的电场强度过小，则不利于阴极电子发射和气体电离，使熔滴过渡后的电弧复燃困难。

综上所述，为保证电弧引燃容易和焊接过程的稳定，并得到良好的焊缝质量，要求弧焊电源应具备对负载瞬变的良好反应能力，即应具备良好的动特性。

【综合训练】

一、填空题（将正确答案填在横线上）

1. 焊机的动特性越好，在焊接过程中电弧的引燃和燃烧_____。
2. 需要调节弧焊电源焊接参数时，就必须改变_____曲线的位置。
3. 焊接过程中，弧焊电源电压、电流变化的特性称为弧焊电源的_____。

二、判断题（在题末括号内，对的画"√"，错的画"×"）

1. 空载电压是焊机本身所具有的一个电特性，所以和焊接电弧的稳定燃烧没有什么关系。（　　）
2. 焊机空载时，由于输出端没有电流，所以不消耗电能。（　　）
3. 电源外特性曲线和电弧静特性曲线的两个交点都是电弧稳定燃烧的工作点。（　　）
4. 一台焊机只有一条外特性曲线。（　　）
5. 一台焊机具有无数条外特性曲线。（　　）

三、选择题（将正确答案的序号写在横线上）

1. 对于埋弧焊，应采用具有_____外特性曲线的电源。
   A. 陡降　　　　B. 缓降　　　　C. 水平　　　　D. 上升
2. 弧焊电源输出电压与输出电流之间的关系称为_____。
   A. 电弧静特性　B. 电源外特性　C. 电源动特性　D. 电源调节特性
3. 输出电压随输出电流的增大而下降的外特性是_____。
   A. 上升外特性　B. 水平外特性　C. 下降外特性　D. 缓升外特性

四、简答题

1. 对焊条电弧焊电源的基本要求是什么？
2. CO_2 气体保护焊为什么要采用平硬和缓降特性的焊接电源？
3. 为什么提高焊接电源的空载电压就能提高焊接电弧燃烧的稳定性？
4. 试从"电源-电弧"系统状态变化过程分析其稳定性的充分必要条件。
5. 为什么焊条电弧焊电源需要陡降的外特性？是否越陡越好？说明其理由。
6. 埋弧焊电源需要什么样的调节特性？为什么？
7. 什么是电弧自身调节？在熔化极气体保护焊的电弧自动调节系统中应采用什么样外

特性的电源？为什么？

8. 什么是电弧电压反馈自动调节系统？在埋弧焊的电压反馈自动调节系统中应配用什么样的电源？为什么？

9. 弧焊电源的动特性对焊接过程有何影响？

五、实践部分

弧焊电源外特性曲线测定实训。

1. 实训目的

学会测定弧焊电源外特性曲线的方法；加深对弧焊电源调节特性的理解。

2. 实训原理

1）弧焊电源的外特性，是指在弧焊电源内部参数不变的情况下改变外部负载，在稳定状态下，其电源输出电压与输出电流的函数关系。

2）一台弧焊电源应当通过调节，获得一组外特性曲线，以适应焊件的材质、厚度及坡口形式等的变化而需要不同的焊接参数。弧焊电源这种外特性曲线可调的性能，称为弧焊电源的调节特性。

3. 实训设备和器材

ZXG-300 型硅整流焊机	1 台
直流电流表（附分流器 0~500A）	1 块
RF-300 型电阻箱	数个
转换刀开关	1 个
直流电压表（0~100V）	1 块

4. 实训内容及步骤

1）弧焊电源种类不同，其外特性测试的方法也有所不同。本实训主要测试具有下降外特性的直流弧焊电源的外特性曲线。对于交流弧焊电源，仅改用交流测试仪表即可。

2）按图 1-22 所示电路接线。首先将负载电阻调到最大值（如 2Ω），此时负载电阻可用几个 RF-300 型电阻箱串联构成。在测量到低压大电流时，再将电阻箱并联，以扩大测试范围。

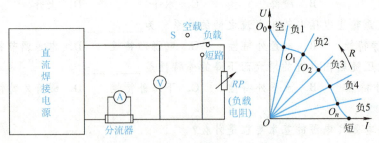

图 1-22 直流弧焊电源的外特性测试

3）空载状态起动弧焊电源，待稳定后，由电压表读取空载电压，此时电流表的读数应为零值。

4）将转换刀开关 S 由空载转为负载。

5）改变负载电阻值，使电焊机输出由空载至短路变化，其中读数应不少于 8 个，每隔

20~30A电流值读一次电压及电流值,相应得到O_0、O_1、O_2、…、O_n各工作点的参数值。注意在所有的工作点上弧焊电源的调节状态必须维持固定不变。

6)把S转换至短路位置(如可能),读出短路电流稳定值,此时必须注意设备安全运行的能力。当设备处于过载试验时,应控制试验周期不超过10s(如其中短路2s、空载8s),所以要迅速读出短路电流。以测试外特性为目的的短路试验,视具体情况过载试验也可不进行。

7)改变弧焊电源的调节状态,重复上述过程,即可测得不同电源调节状态的各个外特性曲线。

5. 注意事项

测同一条外特性曲线时,应注意所有的工作点上弧焊电源的调节状态必须维持固定不变。

6. 实训报告要求

1)整理实训数据,在坐标纸上绘出数条所测得的外特性曲线。

2)分析所测焊机的外特性曲线,验证其是否符合国家技术标准的要求。即在正常焊接范围内,下降特性的弧焊电源在焊接电流增大时,电压降低大于7V/100A;平特性的焊接电源在焊接电流增大时,电压降低小于7V/100A或电压增高小于10V/100A。

单元小结

1)焊接电弧按焊接电流种类可分为交流电弧、直流电弧和脉冲电弧;按电弧状态可分为自由电弧和压缩电弧;按电极材料可分为熔化极电弧和非熔化极电弧。

2)焊接电弧产生和维持的必要条件是气体电离和阴极发射电子。气体电离有碰撞电离、光电离和热电离三种形式,在高温焊接电弧中,主要是热电离,而且进行得很激烈。阴极电子发射是引弧和维持电弧稳定燃烧的一个很重要因素,阴极电子发射按其能量来源不同可分为热电子发射、场致电子发射、光电子发射和撞击电子发射等四种形式。根据阴极所用材料的不同,有的以热电子发射为主,有的以场致电子发射为主,而光电子发射和撞击电子发射在焊接电弧中占次要地位。

3)焊接电弧有接触引弧和非接触引弧两种方式。接触引弧是最常用的一种引弧方式,它又分为划擦法和撞击法两种。非接触引弧需要引弧器才能实现。

4)焊接电弧沿其长度方向分为阳极区,阴极区和弧柱区。阳极区的长度为10^{-4}~10^{-3}cm,阴极区的长度为10^{-6}~10^{-5}cm,因此,电弧长度可近似认为等于弧柱长度。

5)焊接电弧的电特性即伏安特性,包括静态伏安特性(静特性)和动态伏安特性(动特性)。在电极材料、气体介质和电弧弧长一定的情况下,电弧稳定燃烧时电弧电压和焊接电流之间的关系称为静特性。静特性曲线形状呈U形曲线,对于各种不同的焊接方法,它们的电弧静特性曲线是有所不同。弧长对静特性曲线的影响如图1-4所示。所谓电弧的动特性,是指在一定的弧长下,当电弧电流以很快的速度变化时,电弧电压和焊接电流瞬时值之间的关系。

6)交流电弧的特点是:

① 电弧周期性地熄灭和引燃。

② 电弧电压和电流的波形发生畸变。

③ 热惯性作用较明显。

提高交流电弧稳定性的措施是:

① 提高弧焊电源的频率。
② 提高电源的空载电压 U_0。
③ 改善电弧电流的波形。
④ 叠加高压电。

7) 对弧焊电源的要求包括对弧焊电源外特性的要求、空载电压的要求、调节特性的要求和对动特性的要求。

对弧焊电源外特性的要求是：弧焊电源必须满足"电源-电弧"系统稳定条件，"电源-电弧"系统稳定条件包括静态稳定条件和动态稳定条件。

弧焊电源外特性曲线形状有下降的、平的或略微上升的。一定形状的电弧静特性，需选择适当形状的电源外特性与之匹配，才能既满足系统的稳定条件，又能保证焊接参数稳定。不同的焊接方法应根据工作在电弧静特性曲线的不同区段，进行具体分析选择合适形状的电源外特性曲线形状。

对弧焊电源空载电压的要求应遵循以下几项原则：
① 保证引弧容易。
② 保证电弧的稳定燃烧。
③ 节省成本。
④ 保证人身安全。

综合考虑上述因素，一般对弧焊电源的空载电压的规定如下：弧焊变压器 $U_0 \leq 80V$；弧焊整流器 $U_0 \leq 85V$。一般规定 U_0 不得超过100V，在特殊用途中，若超过100V时必须备有防触电装置。

弧焊电源外特性可调的性能，称弧焊电源的调节特性。作为一台弧焊电源，为了满足不同材料、不同焊件厚度、不同位置的焊接及采用不同的焊接方法等，弧焊电源的外特性应该可以调节。

对弧焊电源动特性的要求是：
① 合适的瞬时短路电流峰值。
② 合适的短路电流上升速度。
③ 合适的恢复电压最低值。

[大国工匠]

高凤林，男，汉族，1962年3月生，河北东光人，1991年12月加入中国共产党，1980年9月参加工作，大学学历，学士学位，特级技师，全国劳动模范，全国五一劳动奖章获得者，全国国防科技工业系统劳动模范，全国道德模范，全国技术能手，首次月球探测工程突出贡献者，中华技能大奖获得者，中国质量奖获奖者，2018年"大国工匠年度人物"，2009年获国务院政府特殊津贴。

大国工匠高凤林：人生无悔献航天 工匠常怀"大国"心

在他的手中，焊枪是针，弧光是线，他追寻着焊光，在火箭发动机的"金缕玉衣"上焊出了一片天。他就是中国航天科技集团有限公司第一研究院首都航天机械有限公司特种熔融焊接工、火箭发动机焊接车间班组长、特级技师——高凤林。

说高凤林是"金手天焊"，不仅因为早期人们把比用金子还贵的氩气培养出来的焊工称为"金手"，还因为他焊接的对象十分金贵，是有火箭"心脏"之称的发动机，更因为他在火箭发动机焊接专业领域达到了常人难以企及的高度。"金手天焊"是高凤林技艺高超，屡屡攻克焊接技术难关的写照，更是新时代航天高技能工人风采的体现。

在长二捆运载火箭研制生产中，高达80多米的全箭振动试验塔是"长二捆"研制中的关键，而塔中用于支撑火箭振动大梁的焊接是关键的关键，该材料特殊，要求一级焊缝。高凤林经过反复试验，运用多层快速连续堆焊加机械导热等一系列保证工艺性能的工艺方法，出色地完成了振动大梁的焊接攻关，保证了振动塔的按时竣工和长二捆火箭的如期试验，保证了澳星的成功发射，该工程获得部级项目一等奖。目前，在载人航天工程升级测试中振动大梁焊接质量依然良好，承载力从360t提高到420t，大梁安然无恙。

为长三甲、长三乙、长三丙运载火箭设计的新型大推力氢氧发动机，由于使用了新技术新材料给焊接加工带来诸多难题，尤其在发动机大喷管的大、小端焊接中，超厚与超薄材质在复杂结构下的对接焊，出现多次泄漏。高凤林经过反复分析和摸索，终于找出以高强脉冲焊，配以打眼补焊的最佳工艺措施，攻克了难关。在首台发动机大喷管即将被判死刑的关键时刻，高凤林妙手回春，化险为夷，将其顺利地推上了试车台，保证了长三甲等型号火箭的研制进度。后连续生产多台发动机，气密试验均一次通过。作为主要完成人，该发动机喷管的制造工艺荣获航天总公司科技进步一等奖、国家科技进步二等奖。长三甲、长三乙已成功地发射了东方红三号，菲律宾马部海等大型通信卫星，成为航天工程的主力火箭。

在国家某重点型号任务研制中，高凤林多次受命攻克难关，保证了我国重点型号武器的顺利研制；在国家某特种车的研制中，高凤林充分运用焊接系统控制理论，出色地攻克了一系列部组件的生产工艺难关，保证了国防急需，其中后梁和起竖臂分别获院科技进步一等奖和阶段成果二等奖。某型号发动机试车多次失败，致使生产试验中断。高凤林应邀参加，采取气体保护焊双面成形和局部自由收缩焊接等措施解决了难关，试车得以成功。某型号发动机隔板焊接后易出现裂缝、堵塞等缺陷，有时100%返修。针对这种情况，高凤林大胆提出工艺改进措施，使焊出的产品X射线检测合格率连续三年达到100%。该技术获厂、院科技进步奖。在某型号引射筒的焊接攻关中，在公司总经理的亲自授命下，高凤林大胆改进，突破难关，使有关单位近一年时间没有解决的难题得以解决，且大幅度提高了效率和质量，仅三天就生产出6件一次合格率100%的工艺试件，156件产品的生产也只用了一个半月，100%一次合格，保证了近一亿元产值的产品交付。

在公司民用产品真空炉的生产中，高凤林提出的新焊接工艺比原方法提高工效5倍多，节约原材料50%，实现系统批量化生产。仅此一项（节约原材料和提高效率），多年来就为国家节约资金400多万元（该产品也是填补国内空白的项目，已销往美国、波兰、俄罗斯、新加坡、马来西亚、泰国、巴基斯坦等国家）。在承接国家"七五"攻关项目，东北哈汽轮机厂大型机车换热器生产中，技术人员一年多未攻克的熔焊难关，高凤林凭借多年的实践经验反复摸索，终于找到了解决办法，使滞压了生产单位一年多的两组 18 台产品顺利交付。经试验，产品的换热率达 75%，达到了设计要求，为我国新型节能机车的发展铺平了道路。钛合金自行车架焊接是国内一项技术空白，兄弟单位组织技术攻关一直未找到解决办法。临时授命的高凤林经过大量实验，按期焊出了样车，检测结果大大超过了设计指标，填补了该技术国内空白（前航天总公司副总经理夏国洪亲临视察并在航天报头版登载）。此产品多次参加法国、意大利、德国、美国、中国上海、马来西亚等自行车博览会，受到好评，该产品已全部销往欧美、东南亚各国，为国家赚取了大量外汇。

高凤林是航天特种熔融焊接工，为我国多发火箭焊接过"心脏"，占总数近四成。他曾攻克"疑难杂症"200 多项，包括为 16 个国家参与的国际项目攻坚，被美国宇航局委以特派专家身份督导实施。2014 年底他携 3 项成果参加德国纽伦堡国际发明展，3 个项目全部摘得金奖。

在高凤林心中：事业为天，技能是地。他把美好的人生年华与国家、集体的荣誉和利益，与祖国的航天事业紧密联系在一起，并以卓尔不群的技艺和劳模特有的人格魅力、优良品质，成为新时代智能工人的时代坐标。

模块2 典型弧焊电源介绍

第2单元

弧焊变压器

【学习目标】

1) 明确弧焊变压器的基本工作原理和分类。
2) 理解正常漏磁式弧焊变压器和增强漏磁式弧焊变压器的电磁关系。
3) 掌握常用弧焊变压器的结构特点、工作原理、工艺参数调节。
4) 熟悉常用的国产弧焊变压器。
5) 能对常用弧焊变压器的常见故障进行分析和排除。

综合知识模块1 弧焊变压器的分类

弧焊变压器是一种特殊的变压器,其基本工作原理与一般的电力变压器相同。但为了满足弧焊工艺的要求,它还应具有以下特点:

1) 为保证交流电弧稳定燃烧,要有一定的空载电压和较大的电感。

2) 弧焊变压器主要用于焊条电弧焊、埋弧焊和钨极氩弧焊,应具有下降的外特性。

3) 弧焊变压器的内部感抗值应可调,以便进行焊接参数的调节。

根据获得下降外特性的方法不同,可将弧焊变压器分成如下两大类。

1. 正常漏磁式弧焊变压器

它是由一台正常漏磁式(漏磁

> **小知识**　变压器是用来将某一数值的交流电压转换成同频率另一数值交流电压的电气设备。变压器的种类很多,按其用途分为电力变压器和特种变压器。电力变压器主要用于输电和配电系统中,有升压变压器、降压变压器和配电变压器。常见的特种变压器有电子线路用级间耦合变压器、测量用仪用互感器、整流变压器和焊接变压器等。

> **想一想**　普通的电力变压器能否作为焊接电源?为什么?

很小，可忽略）的变压器串联一个电抗器组成，所以又称为串联电抗器式弧焊变压器。根据电抗器与变压器的配合方式不同又可分为以下三种。

（1）分体式弧焊变压器　这种变压器与电抗器是相互分开的，两者串联在一起，没有磁的联系，仅有电的联系，故称为分体式。BN 系列和 BX10 系列属于这类弧焊变压器。

（2）同体式弧焊变压器　这种变压器与电抗器组成一个整体，两者之间不仅有电的联系，还有磁的联系。BX、BX2 系列属于这类弧焊变压器。

（3）多站式弧焊变压器　它由一台三相平特性变压器并联多个电抗器组成。通常这类变压器的容量较大，可供多个工位同时使用。BP-3×500 型就是这类弧焊变压器。

2. 增强漏磁式弧焊变压器

这类弧焊变压器是人为地增加变压器自身的漏抗，使变压器本身兼起电抗器的作用，而无须外加电抗器。按其结构特点，这类弧焊变压器可分为：

（1）动圈式弧焊变压器　其一次绕组和二次绕组相互独立，且有一定的距离。改变一次绕组与二次绕组之间的距离，使漏抗发生变化，从而达到调节焊接参数的目的。这种弧焊变压器也称为动绕组式弧焊变压器。BX3 系列就属于这类弧焊变压器。

（2）动铁式弧焊变压器　其结构特点是在一次绕组与二次绕组之间加一个活动铁心作为磁分路，以增大漏磁，即加大漏抗。通过改变动铁心的位置可调节漏磁的大小，从而改变焊接参数。BX1 系列就属于这类弧焊变压器。

（3）抽头式弧焊变压器　其特点是靠一次绕组与二次绕组之间耦合的不紧密来增大漏抗，通过变换抽头改变漏抗，从而调节焊接参数。BX6 系列就属于这类弧焊变压器。

综合知识模块 2　常用弧焊变压器

能力知识点 1　同体式弧焊变压器

1. 结构特点

同体式弧焊变压器的结构如图 2-1 所示，其下部是变压器，上部是电抗器，变压器与电抗器共用了一个中间磁轭。图 2-1 中将变压器一、二次绕组画成上下叠绕是为了便于分析，实际上是同轴缠绕，一次绕组在内层，二次绕组在外层，均布在两个侧柱上，因此漏磁很少。与分体式弧焊变压器不同之处在于，它将电抗器叠加于变压器之上共用中间磁轭，以达到省料目的。一次绕组 W_1 两部分串联后接入电网，二次绕组 W_2 两部分串联后再与电抗器绕组 W_K 串联向焊接电弧供电。电抗器铁心留有空气隙 δ，δ 的大小可通过螺杆机构来进行调节。

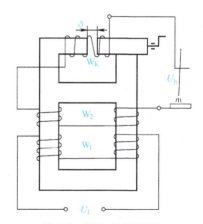

图 2-1　同体式弧焊变压器的结构原理图

2. 工作原理

同体式弧焊变压器的变压器和电抗器之间，不仅有电的联系，而且还有磁的联系。这是因为变压器的二次绕组 W_2 与电抗器绕组 W_K 串联，有电的联系。由于变压器和电抗器共用一个中间磁轭，使变压器的二次绕组 W_2 与电抗器绕组 W_K 磁通相互耦合，所以有磁的联系。下面从空载、负载和短路三种状态进行讨论。

> **想一想** 为什么同体式弧焊变压器的变压器部分一次绕组在内层，二次绕组在外层？

（1）空载 空载时可以导出该弧焊变压器的空载电压为

$$U_0 = \frac{N_2}{N_1} U_1 \qquad (2-1)$$

（2）负载 这种弧焊变压器是由一台正常漏磁式（漏磁很小，漏抗可忽略，即 $X_L \approx 0$）的变压器串联一个电抗器组成，可以导出这种弧焊变压器的外特性方程式为

> **想一想** 为什么同体式弧焊变压器都将 W_2 和 W_K 反向连接？

$$U_h = \sqrt{U_0^2 - I_h^2 X_K^2} \quad \text{或} \quad I_h = \frac{\sqrt{U_0^2 - U_h^2}}{X_K} \qquad (2-2)$$

（3）短路 短路时，电弧电压 $U_h = 0$，因此由式（2-2）可得短路电流方程式为

$$I_d = \frac{U_0}{X_K} \qquad (2-3)$$

3. 焊接参数调节

这种弧焊变压器的参数调节主要是指焊接电流的调节。它主要靠调节电抗器铁心空气隙 δ 大小来调节焊接电流。当 δ 减小时，X_K 增大，从而 I_h 减小；同理，δ 增大时，I_h 也增大。

4. 特点及产品介绍

（1）特点 同体式弧焊变压器具有以下特点：

1) 同体式弧焊变压器由于结构紧凑，因此可比分体式弧焊变压器节省 16% 的硅钢片，节省 10% 的铜导线。容量越大，节省材料越多，因而使成本降低。

2) 由于变压器二次绕组和电抗器绕组采用反接接线方式，因而提高了同体式弧焊变压器的效率，降低了电能的损耗。

3) 占地面积小，节省了工作面积。

由于同体式弧焊变压器采用动铁心式电抗器调节焊接电流，所以当焊接电流调节到小电流范围时，空气隙长度 δ 较小，空气隙的磁感应强度增大，电抗器动、静铁心之间的电磁作用力增加，铁心振动大，容易导致焊接电流波动和电弧不稳等现象。因此，同体式弧焊变压器不宜在中、小电流范围使用，这类弧焊变压器适用于作为大容量的焊接电源。

目前电流大于 500A 的弧焊变压器多采用这种结构形式。它可作为焊条电弧焊电源，不过主要还是作为埋弧焊的电源。

（2）产品介绍 国产同体式弧焊变压器有两种系列：BX 系列和 BX2 系列。其中，BX

系列有 BX-500 型弧焊变压器，它适用于焊条电弧焊。其电流调节是靠手动螺杆带动铁心，改变空气隙长度 δ 的大小来实现的。BX2 系列弧焊变压器有 BX2-1000、BX2-2000 等，主要作为埋弧焊的电源。

能力知识点 2　动圈式弧焊变压器

1. 结构特点

动圈式弧焊变压器的结构如图 2-2 所示。它的铁心形状特点是高而窄，在两侧的心柱上套有一次绕组 W_1 和二次绕组 W_2。一次绕组和二次绕组是分开缠绕的。一次绕组在下方固定不动；二次绕组在上方可活动，摇动手柄可令其沿铁心柱上下移动，以改变其与一次绕组之间的距离 δ_{12}。由于铁心窗口较高，因此 δ_{12} 可调范围大。这种结构特点使得一、二次绕组之间磁耦合不紧密而有很强的漏磁，由此所产生的漏抗就足以得到下降的外特性，而不必附加电抗器。由于漏抗与电抗的性质相同，故用变压器自身的漏抗代替电抗器的电抗。

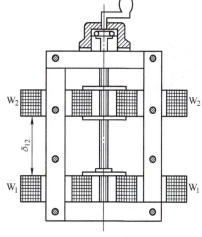

图 2-2　动圈式弧焊变压器结构示意图

2. 工作原理

（1）空载　根据变压器的原理可以导出该弧焊变压器的空载电压为

$$U_0 = \frac{N_2 \phi_0}{N_1 \phi_1} U_1 \tag{2-4}$$

式中，ϕ_1、ϕ_0 分别为一次绕组产生的磁通和变压器的主磁通，ϕ_0/ϕ_1 称为一次绕组和二次绕组之间的耦合系数，用 K_M 表示。所以

$$U_0 = K_M \frac{N_2}{N_1} U_1 \tag{2-5}$$

由式（2-5）可知，动圈式弧焊变压器的空载电压 U_0 不仅取决于变压器二次绕组和一次绕组的匝数之比 N_2/N_1，而且与一次绕组和二次绕组之间的耦合系数 K_M 的大小有关。实验证明，K_M 是随二次绕组和一次绕组之间的距离 δ_{12} 变化而变化的。所以当 δ_{12} 改变时，U_0 将随着变化，其变化范围为 3%～5%。也就是说，在同一档内，使用大电流比使用小电流时的空载电压高出 2～4V，这样的变化范围对于焊接工艺来说是允许的。

（2）负载　动圈式弧焊变压器的外特性方程式为

$$U_h = \sqrt{U_0^2 - I_h^2 X_L^2} \quad \text{或} \quad I_h = \frac{\sqrt{U_0^2 - U_h^2}}{X_L} \tag{2-6}$$

由式（2-6）可以看出，随着焊接电流 I_h 的增大，当漏抗 X_L 不变时，电弧电压 U_h 降低。显然，漏抗 X_L 越大，电弧电压降低越迅速，即外特性越陡降。

（3）短路　短路时电弧电压 $U_h=0$，此时 $I_h=I_d$，则有

$$I_d = \frac{U_0}{X_L} \tag{2-7}$$

式（2-7）称为动圈式弧焊变压器的短路电流方程式。由式（2-7）可以看出，总漏抗 X_L 可以限制短路电流 I_d 的大小。

3. 焊接参数的调节

由式（2-6）和式（2-7）可知，动圈式弧焊变压器焊接参数的调节，可通过调节 X_L 来实现，X_L 的计算公式为

$$X_L = KN_2^2(\delta_{12}+A) \tag{2-8}$$

式中　K、A——与变压器结构有关的常数；
　　　N_2——二次绕组的匝数；
　　　δ_{12}——一、二次绕组之间的距离。

分析式（2-8）可知，当动圈式弧焊变压器的结构一定时，调节漏抗 X_L，只能通过改变变压器二次绕组的匝数 N_2 和一、二次绕组之间的距离 δ_{12} 来实现。

（1）调节 δ_{12}　摇动手柄，通过螺杆带动二次绕组 W_2 上下移动，使一、二次绕组之间的距离 δ_{12} 发生变化。由于 δ_{12} 与漏抗 X_L 成正比，因此当二次绕组 W_2 上移使 δ_{12} 增大时，X_L 增加，焊接电流 I_h 减小；反之，δ_{12} 减小时，则焊接电流 I_h 增加。δ_{12} 连续变化，则焊接电流 I_h 可获得连续调节。显而易见，调节 δ_{12} 可以实现焊接电流 I_h 的细调节。

（2）改变 N_2　由于 X_L 与 N_2 的平方成正比，所以改变 N_2 可以在较大的范围内调节焊接电流 I_h。因为 N_2 很难做到连续改变，因此改变 N_2 达不到连续调节焊接电流的目的。而且由式（2-5）可知，单独改变 N_2 会使空载电压 U_0 受到影响。为了在改变 N_2 的同时保持空载电压 U_0 不变，特将一、二次绕组各自分成匝数相等的两盘。若使用小电流时，同时将一、二次绕组串联；若使用大电流时，同时将一、二次绕组并联。由串联换成并联时，输出的电流可增大 4 倍。这样就扩大了电流调节范围。因此，用这种串并联的方法改变 N_2，可用作焊接电流的分档粗调节。

4. 特点及产品介绍

（1）特点　动圈式弧焊变压器的优点是没有活动铁心，因此避免了由于铁心振动所引起小电流焊接时的电弧不稳；外特性比较陡降，电流调节范围比较宽，空载电压较高，且小电流焊接时空载电压更高。这些对各种焊接参数下的焊条电弧焊来说，都是比较合适的，特别是小电流焊接时引弧容易，电弧稳定，易保证焊接质量。

由于动圈式弧焊变压器调节焊接电流主要是靠调节一、二次绕组之间的距离 δ_{12} 进行的，如果要求电流的下限较小，势必要将矩形铁心做得很高，消耗硅钢片较多，这是不经济的。因此，这类弧焊变压器适合制成中等容量的。

（2）产品介绍　国产动圈式弧焊变压器有 BX3 系列。产品有 BX3-120、BX3-300、BX3-500、BX3-1-300、BX3-1-500 等型号。前三种适用于焊条电弧焊，后两种适用于交流钨极氩弧焊。其区别在于后两种弧焊变压器的空载电压较高，约在 80V 以上，以满足交流钨极氩

弧焊的要求。动圈式弧焊变压器典型产品如图 2-3 所示。

图 2-3 动圈式弧焊变压器典型产品

能力知识点 3　动铁式弧焊变压器

1. 结构特点

动铁式弧焊变压器的结构如图 2-4 所示，它是由静铁心 Ⅰ、动铁心 Ⅱ、一次绕组 W_1 和二次绕组 W_2 组成。动铁心和静铁心之间存在空气隙 δ。动铁心插入一次绕组和二次绕组之间时提供了一个磁分路，以减小漏磁磁路的磁阻，从而使漏抗显著增加。动铁心可以移动，进出于静铁心的窗口，用以调节焊接电流的大小。

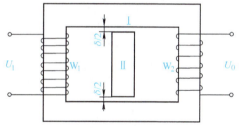

图 2-4 动铁式弧焊变压器的结构
Ⅰ—静铁心　Ⅱ—动铁心　δ—空气隙长度

2. 工作原理

动铁式弧焊变压器和动圈式弧焊变压器由于都属于增强漏磁式弧焊变压器，因此它的空载电压表达式、外特性方程式和短路电流表达式在形式上是完全一样的。这种弧焊变压器由于一、二次绕组分别绕在静铁心两边的心柱上，会产生很大的漏磁；同时在静铁心中间有一个活动铁心，焊接时，活动铁心形成磁分路，造成更大的漏磁，从而使次级电压迅速下降，以获得较为陡降的外特性。

3. 焊接参数的调节

和动圈式弧焊变压器一样，动铁式弧焊变压器焊接参数的调节仍是指焊接电流 I_h 的调节，即也是通过改变弧焊变压器的漏抗 X_L 来实现。然而这两种弧焊变压器由于结构不相同，所以调节漏抗 X_L 的方式也就不一样。可以导出，这种弧焊变压器的漏抗 X_L 可表示为

$$X_L \approx \frac{\omega \mu_0 S_\delta N_2^2}{\delta} \tag{2-9}$$

式中　μ_0——空气的磁导率（H/m）；

　　　δ——变压器动、静铁心之间的空气隙长度（mm）；

　　　S_δ——变压器动、静铁心之间的空气隙的截面积（mm²），它近似等于动铁心位于静铁心窗口内那一部分的截面积。

动铁心的形状有矩形和梯形两种，由于梯形动铁心调节焊接电流的范围比矩形动铁心大，所以目前主要采用梯形动铁心的结构。梯形动铁心与静铁心的配合如图 2-5 所示。

结合式（2-6）、式（2-9）和图 2-5 可以看出，当动铁心处于不同位置时，δ、S_δ 发生变化，引起 X_L 改变，从而调节焊接电流 I_h 的大小。如动铁心向里移动，δ 减小，S_δ 增大，引起 X_L 增大，则 I_h 减小；同理，动铁心向外移动，焊接电流 I_h 增大。

因此，动铁式弧焊变压器焊接参数的调节方式如下：

（1）细调 即摇动手柄使动铁心在静铁心之间的位置发生变化，达到均匀改变焊接电流的目的。

（2）粗调 即通过改变二次绕组的匝数 N_2 达到粗调焊接电流的目的。

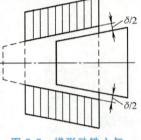

图 2-5 梯形动铁心与静铁心的配合

4. 产品介绍

动铁式弧焊变压器国产型号属于 BX1 系列。产品有 BX1-160、BX1-300、BX1-315、BX1-500、BX1-630 等型号，其中前四种型号为梯形动铁式弧焊变压器，后一种型号为矩形动铁式弧焊变压器。动铁式弧焊变压器典型产品如图 2-6 所示。

图 2-6 动铁式弧焊变压器典型产品

【综合训练】

一、填空题（将正确答案填在横线上）

1. BX1-250 是_____式弧焊变压器。
2. BX2-1000 是_____式弧焊变压器，额定焊接电流为_____A。
3. 同体式弧焊变压器由一台具有_____的降压变压器及一个_____组成。
4. BX3-500 是_____式弧焊变压器，额定焊接电流为_____A。

二、选择题（将正确答案的序号写在横线上）

1. 常用的同体式弧焊变压器型号是_____。

A. BX-500　　　　B. BX1-400　　　　C. BX3-500　　　　D. BX6-200

2. 同体式弧焊变压器通过调节_____来调节焊接电流。

A. 电抗器铁心间隙　　B. 一、二次绕组间隙　　C. 空载电压　　D. 短路电流

3. 常用动圈式弧焊变压器的型号是_____。

A. BX-500　　　　B. BX1-400　　　　C. BX3-500　　　　D. BX6-200

4. 常用动铁式弧焊变压器的型号是_____。

A. BX-500　　　　B. BX1-400　　　　C. BX3-500　　　　D. BX6-200

5. 动铁式弧焊变压器焊接电流的细调节是通过弧焊变压器侧面的旋转手柄来改变动铁心的位置实现的。当手柄逆时针旋转时，活动铁心向外移动，则_____。

A. 漏磁减小，焊接电流增加　　　　　　B. 漏磁减小，焊接电流减小

C. 漏磁增加，焊接电流增加　　　　　　D. 漏磁增加，焊接电流减小

6. 动铁式弧焊变压器活动铁心的作用是_____。

A. 避免形成磁分路，便于调节焊接电流

B. 形成磁分路，减少漏磁

C. 形成磁分路，造成更大的漏磁

D. 减少漏磁，以获得下降外特性

7. 动圈式弧焊变压器通过调节_____来调节焊接电流。

A. 电抗器铁心间隙　　　　　　　　　　B. 初、次级线圈间隙

C. 空载电压　　　　　　　　　　　　　D. 短路电流

8. 动圈式弧焊变压器是依靠_____来获得下降外特性的。

A. 漏磁　　　　　　　　　　　　　　　B. 串联电抗器

C. 串联镇定变阻器　　　　　　　　　　D. 活动铁心

三、简答题

1. 同体式弧焊变压器与分体式弧焊变压器相比有什么特点？

2. 如何调节动圈式弧焊变压器的焊接参数？

3. 当使用小电流焊接时，为什么动圈式弧焊变压器产生的振动要比串联电抗器式弧焊变压器小得多？

4. 矩形动铁式弧焊变压器与梯形动铁式弧焊变压器的焊接参数调节相比有什么不妥？

5. 为什么增强漏磁式弧焊变压器的外特性比正常漏磁式弧焊变压器的外特性陡降？

6. 在已学过的弧焊变压器中，哪些适宜做成（1）小容量；（2）中等容量；（3）大容量的弧焊电源，为什么？哪些适宜做埋弧焊的电源？哪些适宜做钨极氩弧焊的电源？

7. 动圈式弧焊变压器的组成及工作原理是什么？

四、实践部分

1. 动圈式弧焊变压器结构原理及操作实训

实训步骤及要求：

1）打开焊机，弄清焊机的各部分组成及结构特点，了解各部分的作用。

2）掌握焊机的工作原理。

3）学会焊机的安装及焊接电流的调节方法。

4）利用该种焊机采取不同的焊接参数实施焊条电弧焊，体会该种焊机的焊接特点及其动特性。

5）写出实训报告。

2. 动铁式弧焊变压器结构原理及操作实训

实训步骤及要求同动圈式弧焊变压器的实训步骤。

综合知识模块3　弧焊变压器的维护及故障排除

能力知识点1　弧焊变压器的维护

要保证弧焊变压器的正常使用，必须对弧焊变压器进行定期与日常的保养、维护。日常使用中的保养和维护包括保持弧焊变压器内外清洁，经常用压缩空气吹净尘土；机壳上不应堆放金属或其他物品，以防止弧焊变压器在使用时发生短路和损坏机壳；弧焊变压器应放在干燥通风的地方，注意防潮等。

弧焊变压器定期的维护和保养可分为以下三种形式。

（1）每日一次的检查及维护　检查电源开关、调节手柄、电流指针是否正常；焊接电缆连接处是否接触良好；开机后观察冷却风扇转动是否正常等。

（2）每周一次的检查及维护　在一周工作结束前填写检查记录。检查及维护内容包括：内外除尘，擦拭机壳；检查转动和滑动部分是否灵活，并定期上润滑油；检查电源开关接触情况及焊接电缆连接螺柱、螺母是否完好；检查接地线连接处是否接触牢固等。

（3）每年一次的综合检查及维护　此类检查及维护内容包括：拆下机壳，清除绕组及铁心上的灰尘及油污；更换损坏的易损件；对机壳变形及破损处进行修理并涂漆；检查变压器绕组的绝缘情况；对焊钳进行修理或更换；检修焊接电流指针及刻度盘；对破损的焊接电缆进行修补或更换等。

能力知识点2　弧焊变压器的常见故障及排除

弧焊变压器产生故障的原因是多种多样的，除设计问题、制造质量问题外，绝大部分原因是使用和维护不当所造成的。弧焊变压器一旦出现故障，应能及时发现，立即停机检查，迅速、准确地判定故障产生的原因，并及时排除故障。

弧焊变压器发生故障表现为工作中产生异常现象。由于弧焊变压器结构比较简单，因此其异常现象也容易发现。

弧焊变压器的异常现象是故障的表现形式，有时一种异常现象表示几种故障原因。例如，焊条与焊件之间不能引弧，可能是电源开关损坏、熔丝烧断、电源动力线断脱、变压器一次绕组或二次绕组断路、焊接电缆和焊机输出端接触不良等多种原因造成的。从这些可能的原因中找出真正的故障所在，就需要有一定的理论知识和实践经验；利用各种仪器或仪表，按一定的检查方法对弧焊变压器电气线路进行检查，这样才能在较短的时间内准确地找出故障原因，避免判断错误而造成各种不良后果。

弧焊变压器常见故障及排除方法见表2-1。

第2单元　弧焊变压器

表 2-1　弧焊变压器常见故障及排除方法

故障现象	产生原因	排除方法
弧焊变压器无空载电压，不能引弧	1）地线和焊件接触不良 2）焊接电缆断路 3）焊钳和电缆接触不良 4）焊接电缆与弧焊变压器输出端接触不良 5）弧焊变压器一、二次绕组断路 6）电源开关损坏 7）电源熔丝烧断	1）使地线和焊件接触良好 2）修复断路处 3）使焊钳和电缆接触良好 4）修复连接螺柱 5）修复断路处或重新绕制 6）修复或更换电源开关 7）更换熔丝
输出电流过小	1）焊接电缆过细过长，压降太大 2）焊接电缆盘成盘状，感大 3）地线为临时搭接而成 4）地线与焊件接触电阻过大 5）焊接电缆与弧焊变压器输出端接触电阻过大	1）减小电缆长度或加大线径 2）将电缆放开，不使其成盘状 3）换成正规铜质地线 4）采用地线夹头，以减小接触电阻 5）使电缆和弧焊变压器输出端接触良好
焊接电流不稳定，忽大忽小	1）电网电压波动 2）调节丝杠磨损	1）增大电网容量 2）更换磨损部件
空载电压过低	1）输入电压接错 2）弧焊变压器二次绕组匝间短路	1）纠正输入电压 2）修复短路处
空载电压过高，焊接电流过大	1）输入电压接错 2）弧焊变压器绕组接线出错	1）纠正输入电压 2）纠正接线
弧焊变压器过热，有焦烟味，内部冒烟	1）弧焊变压器过载 2）弧焊变压器一次或二次绕组短路 3）一、二次绕组与铁心或外壳接触	1）减小焊接电流 2）修复短路处 3）修复接触处
弧焊变压器噪声过大	1）铁心叠片紧固螺栓未旋紧 2）动、静铁心间隙过大	1）旋紧紧固螺栓 2）铁心重新叠片
弧焊变压器工作状态失常（如电流大、小档互换；空载电压过高或过低；无空载电压或空载短路等）	弧焊变压器维修时，将内部接线接错	纠正接线

【综合训练】

弧焊变压器故障检测与排除实训。
1. 实训目的
1）明确分析故障的方法。
2）掌握常用仪器、仪表的方法。
3）现场排除故障。
2. 实训概述
弧焊电源在使用过程中，难免会出现故障，因此应及时对各种故障进行检查、分析并排除。

3. 实训设备

1) 各种类型弧焊变压器　若干台
2) 万用表（108型）　若干块

4. 实训内容及要求

1) 对弧焊变压器出现的故障逐个进行分析，讨论各种故障产生的原因。

2) 用万用表500V交流电压档测量动力线始端，应有380V或220V电压。若无电压或电压过低，说明刀开关的熔丝烧断或电网断相。

3) 用万用表检测焊机上的电源开关输入端，应有380V或220V电压。若无电压，说明动力线电缆断线或输入端未接上动力线。

4) 将焊机上的电源开关接通，焊机一次绕组输入端应有正常的输入电压。若无电压，说明此电源开关损坏或接触不良。

5) 用万用表交流100V电压档测量焊机二次绕组输出端，应有60～80V的空载电压，若无电压，说明焊机一次绕组或二次绕组断路。

6) 焊接电缆与地线之间应有正常的空载电压，若无电压，说明焊接电缆断路或焊机输出端接触不良。

7) 根据表2-1现场排除焊机其他故障。

单元小结

1) 弧焊变压器作为一种弧焊电源，它是一种特殊的变压器，虽然其基本工作原理与一般普通的电力变压器相同，但为了满足弧焊工艺的要求，它还应具有一些不同于普通电力变压器的特点，如要有一定的空载电压和较大的电感；要有下降的外特性；其内部感抗值应可调，以便进行焊接参数的调节。

2) 根据获得下降外特性的方法不同，可将弧焊变压器分成正常漏磁式和增强漏磁式两大类。正常漏磁式弧焊变压器又分为分体式（BN系列）、同体式（BX、BX2系列）和多站式（BP系列）三种；增强漏磁式弧焊变压器又分为动圈式（BX3系列）、动铁式（BX1系列）和抽头式（BX6系列）三种。

3) 同体式弧焊变压器的变压器和电抗器是一体的，它们之间不仅有电的联系，而且还有磁的联系。其焊接参数调节主要是靠调节电抗器铁心空气隙δ的大小来调节电流值。当δ减小时，X_K增大，从而I_h减小；同理，δ增大时，I_h增大。

同体式弧焊变压器适合做成大容量的焊接电源，目前的国产产品有两种系列：BX系列和BX2系列。BX系列有BX-500型弧焊变压器，适用于焊条电弧焊；BX2系列有BX2-1000、BX2-2000等，主要作为埋弧焊的电源。

4) 动圈式弧焊变压器的结构特点是铁心高而窄。其焊接参数的调节分为粗调和细调，粗调即换档调节，它是通过改变二次绕组的匝数N_2来实现的；细调即均匀调节，它是通过摇动手柄调节δ_{12}来实现焊接电流I_h的调节。

动圈式弧焊变压器的优点是小电流焊接时电弧稳定，外特性比较陡降，焊接电流调节范围比较宽，空载电压较高，且小电流焊接时空载电压更高。这些对各种焊接参数下的焊条电弧焊来说，都是比较合适的，特别是小电流焊接时引弧容易，电弧稳定，易保证焊接质量。这类弧焊变压器适合制成中等容量的。目前国产动圈式弧焊变压器的产品有 BX3-120、BX3-300、BX3-500、BX3-1-300、BX3-1-500 等型号，其中前三种适用于焊条电弧焊，后两种适用于交流钨极氩弧焊。

5）动铁式弧焊变压器的结构特点是动铁心可以移动，能进出于静铁心的窗口，用以调节焊接电流的大小。其焊接参数的调节分细调和粗调，细调即通过摇动手柄使动铁心在静铁心之间的位置发生变化，达到均匀改变焊接电流的目的；粗调即通过改变二次绕组的匝数 N_2，达到粗调焊接电流的目的。

动铁式弧焊变压器的国产产品有 BX1-160、BX1-300、BX1-315、BX1-500、BX1-630 等型号，其中前四种型号为梯形动铁式弧焊变压器，后一种型号为矩形动铁式弧焊变压器。

动铁式弧焊变压器适宜做成中、小容量的，目前多制成 400A 以下的弧焊变压器。

[大国工匠]

李万君，中共党员，中车长春轨道客车股份有限公司首席焊工，全国五一劳动奖章获得者，中华技能大奖、国务院特殊津贴获得者，吉林省高级专家、吉林省技能传承师、吉林省第十次党代会代表，被称为"中国第一代高铁工人"。2017 年 2 月 8 日，李万君被评为"感动中国"2016 年度人物。2019 年 1 月 18 日被评为 2018 年"大国工匠年度人物"。

"工人院士"李万君：焊好高铁"两条腿"保障日行千里

转向架是高铁的两条腿，是车轮与车体连接最重要的部件。高铁能否跑得又快又稳，全靠转向架和它的零部件。转向架制造技术，是高速动车组的九大核心技术之一。我国的高速动车组之所以能跑出如此高的速度，其主要原因之一就是转向架技术取得了重大突破。转向架制造中，转向架环口焊接历来是最关键的工序之一。李万君就工作在环口焊接岗位上，他先后参与了我国几十种城铁车、动车组转向架的首件试制工作，总结并制定了 30 多种转向架焊接操作方法，技术攻关 150 多项，其中 37 项获得国家专利，代表了中国轨道车辆转向架构架焊接的世界最高水平。

2007 年，作为全国铁路第六次大提速主力车型，法国的时速 250km 动车组在长客股份公司试制生产。由于转向架环口要承载重达 50t 的车体重量，因此成为高速动车制造的关键部位，其焊接成形要求极高。试制初期，因焊接段数多，焊接接头极易出现不熔合等严重质量问题，一时成为制约转向架生产的瓶颈。关键时刻，李万君凭着一股子钻劲，终于摸索出了"环口焊接七步操作法"，成形好，质量高，成功突破了批量生产的关键。这项令法国专家十分惊讶的"绝活"，现已经被纳入到生产工艺当中。

2008年，中国北车从德国西门子引进了时速达350km的高速动车组技术。由于外方此前也没有如此高速的运营先例，转向架制造成了双方共同攻关的课题。带着领导的重托，李万君参加了转向架焊接工艺评定专家组，并发挥了高技能人才的特殊作用。以李万君试制取得的有关数据为重要参考，企业编制的《超高速转向架焊接规范》在指导批量生产中解决了大问题。

2017年9月21日起，全国铁路实施新的列车运行图，7对"复兴号"动车组将在京沪高铁率先实现350km时速运营，调整运行图后，中国成为世界上高铁商业运营速度最高的国家。

李万君介绍，2015年起，他带领的攻关团队就开始紧锣密鼓地开展"复兴号"动车组试制工作，当时没有国外技术可借鉴，一开始就遇到了困难。"当时我们生产两节车，4个转架，8个扭杆座，关系到列车运行当中每天上万次的摆动。扭杆座弯道极多，刚开始焊了8个扭杆座都不合格。"李万君回忆，最初他们想过改设计，可这是既定图样的，很难改动；他们也想过放宽质量，可动车组350km时速跟飞机起跑速度一样，质量关系着旅客的生命安全。李万君便带领徒弟们刻苦摸索，不断试验，最终成功突破了转向架侧梁扭杆座不规则焊缝等多项技术难题，保证了"复兴号"的如期生产。

李万君至今清晰地记得，2017年6月26日"复兴号"中国标准动车组在京沪高铁首发那天，他看到乘客们买到第一趟车票纷纷自拍时，一种祖国强大的自豪感油然而生。"中国高铁终于从追赶走到了领跑的新时代！"李万君说。

凭借精湛的技术，李万君在参与填补国内空白的几十种高速车、铁路客车、城铁车，以及出口澳大利亚、新西兰等国家的列车生产中，攻克一道又一道技术难关。

李万君在本职岗位上取得的一个个成绩，并非偶然。在30多年的长期工作中，他勤于钻研，勇于创新，练就了过硬的焊接本领。他同时拥有碳钢、不锈钢焊接等6项国际焊工（技师）资格证书。手弧焊、二氧化碳气体保护焊及MAG焊、TIG焊等多种焊接方法，平、立、横、仰和管子等各种焊接形状和位置，他样样精通。

2005年，李万君根据异种金属材料焊接特性发明的"新型焊钳"，已经获得国家专利并被推广使用。

李万君针对澳大利亚不锈钢双层铁路客车转向架焊接加工的特殊要求总结出的"拽枪式右焊法"等20余项转向架焊接操作方法，在生产中得到广泛应用，累计为企业节约资金和创造价值800余万元。

2010年，李万君在出口伊朗的单层轨道客车转向架横梁环口焊接中，首次使用氩弧焊焊接方法，并成功总结出一套焊接操作步骤，从而弥补了我国氩弧焊焊接铁路客车转向架环口的空白，同时也为我国以后开发和生产新型高铁提供了宝贵依据。

从1997年到2007年，李万君先后3次代表中车长客公司出征吉林长春市焊工大赛，3次获得冠军。2011年，因他"代表了车辆转向架构架焊接的世界最高水平"，荣膺"中华技能大奖"。通过比赛，他为集体争了光，自己也大有收获。通过参加大赛，李万君破格晋升了高级技师。自建厂以来，通过比赛获得技师、高级技师的，李万君是第一人。

2018年，因为李万君团队的成功攻关，中车长客公司成为我国首家成功拿到美国纽约地铁转向架生产资质的企业。纽约地铁拥有北美地区最繁忙、规模最大的轨道交通网络。纽约交通局负责运营25条地铁线路，6418辆地铁列车，年载客量近25亿人次，同时这里也拥有全球准入门槛最高的资格审查程序。李万君回忆道，他们刚开始接到的任务是试制4个纽约地铁的转向架，材料都是美国本土空运过来的，是国内高铁钢板厚度的4倍，耗资近亿元。实验过程中三个转架检测完全合格，而剩余一个转向架的两个焊口已经修补两次了，再修补一次不合格，就只能报废。领导出于对李万君的保护，不让他焊，建议转交他人。但李万君不愿意退，"宁愿战死在战场上，也不能被困难吓倒！"他把两个焊缝全部返工，修补到半夜。第二天，国内专家检测通过。一周后，美国聘请来的国际专家来检测，足足检测了一上午，结果全部合格。

2017年7月至2018年6月，中车长客公司相继通过了车体、系统集成、转向架的资格认证，最终获得了纽约地铁的整车供货资格。在签署合格证书时，纽约交通局代表用一句中国谚语形容中车长客公司的产品和团队——"没有打虎艺，不敢上山岗"。

磨砺至今，李万君靠耳朵就能知道焊得好不好。通过实践积累，他发现二氧化碳在焊接的时候，不同的焊接规范能传出不同的声音。就是在20m以外焊接，他根据听到的声音，就能判断焊得好不好。"把工作当成一门艺术，就不是简单的工作，而是一种享受。"李万君说。

为高速动车组生产培养新生力量，是李万君对中国高铁制造的又一大贡献。为确保时速250km和350km动车组的生产，以及时速380km超高速动车组的试制，李万君肩负起了为企业培养后备技术工人的重任。在不到两年的时间里，他一边工作，一边编制教材、承担培训任务，创造了400余名新工提前半年全部考取国际焊工资质证书的"培训奇迹"。随后，公司在此基础上成立了"焊工首席操作师工作室"，李万君以此为载体，专注焊工培养。2010年至今，他负责该工作室具体工作，采取"大""小"穿插、"横""纵"结合的方式，组织集中培训400多次，累计培训焊工2万多人次，帮助公司焊工考取国际、国内焊工资质证书6000多项，满足了中国高铁、出口车等20多种车型的生产需要。他本人也多次被长春市总工会聘为"高技能人才传艺项目技能指导师"。2010年，他又因为传授技艺成绩显著，被聘为"长春市高技能人才传承师"。

接踵而来的荣誉，记录了李万君从一名普通焊工成长为"高铁焊接大师"的发展历程。面对这些，李万君没有满足，他始终保持着焊接工人的本色，用实际行动实践着人生的最大价值，为企业、为中国高铁事业继续做着不懈努力，争做更大的贡献。

第3单元

弧焊整流器

【学习目标】
1) 熟悉硅弧焊整流器的组成和分类。
2) 理解各类有电抗器式硅弧焊整流器的特点。
3) 学会对常用硅弧焊整流器的使用维护和对其一般故障的排除。
4) 熟悉晶闸管式弧焊整流器的组成、主要特点和应用范围。
5) 了解ZDK-500型和ZX5-400型晶闸管式弧焊整流器的主电路及工作原理;掌握ZDK-500型和ZX5-400型晶闸管式弧焊整流器的外特性及调节特性。
6) 能对晶闸管式弧焊整流器的简单故障进行排除。

综合知识模块1　硅弧焊整流器

能力知识点1　硅弧焊整流器的组成

硅弧焊整流器可将50Hz的单相或三相电网电压利用降压变压器降为焊接时所需的低电压,经整流器整流和输出电抗器滤波,从而获得直流电,对焊接电弧提供电能。为了获得脉动小、较平稳的直流电,以及使电网三相负载均衡,通常采用三相整流电路。硅弧焊整流器的电路一般由主变压器、电抗器、整流器和输出电抗器等几部分组成。图3-1所示为硅弧焊整流器的组成。

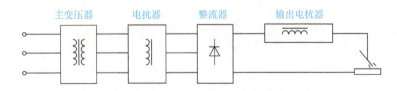

图3-1　硅弧焊整流器的组成

(1) 主变压器　其作用是把380V的三相交流电变换成几十伏的三相交流电。
(2) 电抗器　电抗器可以是交流电抗器或磁饱和电抗器(磁放大器)。当主变压器为增强漏磁式或要求得到平外特性时,则可不用电抗器。电抗器的作用是使硅弧焊整流器获得形状合适并且可以调节的外特性,以满足焊接工艺的要求。

(3) 整流器　其作用是把三相交流电变成直流电。通常采用三相桥式整流电路。

(4) 输出电抗器　它是接在直流焊接电路中的一个带铁心并有空气隙的电感线圈,其作用主要是改善硅弧焊整流器的动特性和滤波。

此外,硅弧焊整流器中都装有风扇和指示仪表。风扇用以加强对上述各部分,特别是硅二极管的散热,仪表用以指示输出电流和/或电压值。

能力知识点 2　硅弧焊整流器的分类

硅弧焊整流器按有无电抗器可分为无电抗器的硅弧焊整流器和有电抗器的硅弧焊整流器。

1. 无电抗器的硅弧焊整流器

这类整流器按主变压器的结构不同可分为以下两类。

(1) 主变压器为正常漏磁的　这类电源的外特性是近于水平的,主要用于 CO_2 气体保护焊及其他熔化极气体保护焊。按调节空载电压的方法不同,又分为抽头式、辅助变压器式和调压式。

(2) 主变压器为增强漏磁的　这类电源由于主变压器增强了漏磁,因而无须外加电抗器即可获得下降外特性并调节焊接参数。按增强漏磁的方法不同,可分为动圈式、动铁心式和抽头式。

2. 有电抗器的硅弧焊整流器

这类硅弧焊整流器所用的电抗器都是磁饱和式电抗器,根据其结构特点不同也可分为以下两类。

(1) 无反馈磁饱和电抗器式硅弧焊整流器

(2) 有反馈磁饱和电抗器式硅弧焊整流器　这种整流器根据磁饱和电抗器的反馈形式,又可分为外反馈磁饱和电抗器式硅弧焊整流器、全部内反馈磁饱和电抗器式硅弧焊整流器和部分内反馈磁饱和电抗器式硅弧焊整流器等。

无反馈磁饱和电抗器式硅弧焊整流器具有陡降的外特性,国内典型产品有 ZXG7-300、ZXG7-500 及 ZXG7-300-1 型等,它们可用于焊条电弧焊或钨极氩弧焊。但这种弧焊整流器的缺点是磁饱和电抗器没有反馈,电流放大倍数小,控制电流较大。

全部内反馈磁饱和电抗器式硅弧焊整流器采用带有正反馈的磁饱和电抗器,使铁心达到"自饱和",从而获得平的电源外特性,通过改变控制电流 I_K,可调节弧焊整流器的输出电压 U_h,即 $U_h=f(I_K)$。全部内反馈磁饱和电抗器式弧焊整流器的国内典型产品有 ZPG1-500、ZPG1-1500、ZPG2-500 及 GD-500 等型号。这种弧焊整流器适用于二氧化碳或稀有气体及混合气体保护下的熔化极电弧焊。

部分内反馈磁饱和电抗器式硅弧焊整流器的反馈作用介于无反馈式和全部内反馈式之间,所以外特性既不是陡降的,也不是水平的,而是介于两者之间,即缓降的,这是通过内桥电阻 R_n 来实现的。部分内反馈磁饱和电抗器式弧焊整流器的国内典型产品有 ZXG-300、ZXG-400 及 ZXG-500 等型号,它们具有下降外特性,可用作焊条电弧焊和钨极氩弧焊的直流电源。另外还有可兼获下降外特性和平外特性的多特性弧焊整流器,典型产品有 ZDG-

500-1、ZDG-1000R 及 ZPG-1000 等型号，可用于焊条电弧焊、埋弧焊、CO_2 气体保护电弧焊等。

上述三种类型磁饱和电抗器式弧焊整流器，它们的基本原理都是利用磁化曲线的非线性，通过调节其控制绕组中的控制电流来改变磁饱和电抗器铁心的饱和程度、磁导率和交流绕组的感抗，以达到调节输出电流（无反馈式和部分内反馈式）和电压（全部内反馈式）的目的。无反馈式、部分内反馈式和全部内反馈式磁饱和电抗器式弧焊整流器的特点见表 3-1。

表 3-1 三种类型磁饱和电抗器式弧焊整流器的特点

项目	无反馈式	全部内反馈式	部分内反馈式
单相电路图	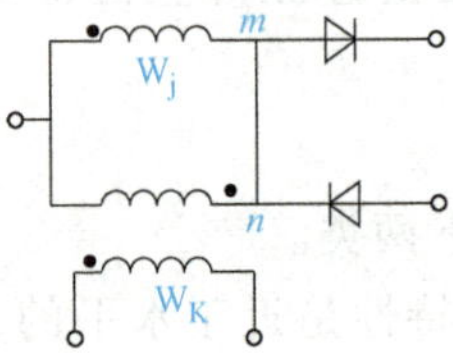	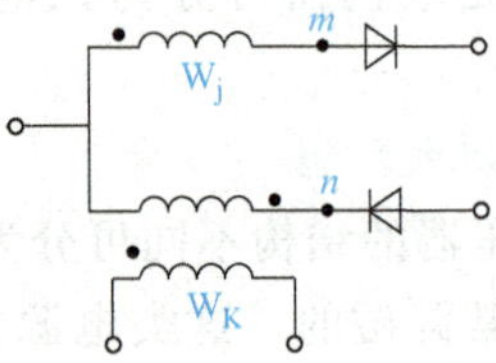	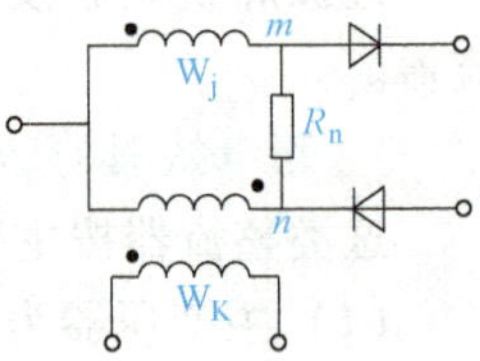
内桥电阻 R_n	$R_n = 0$	$R_n = \infty$	R_n 较小
外特性	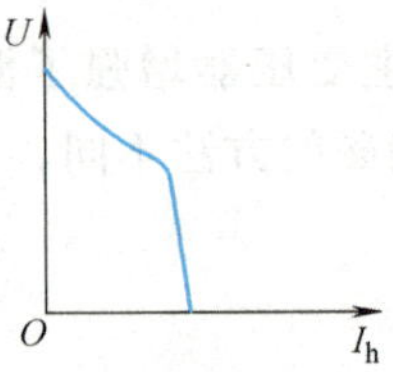	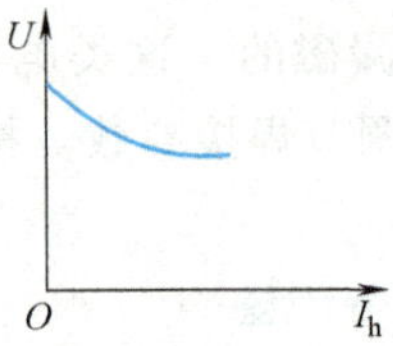	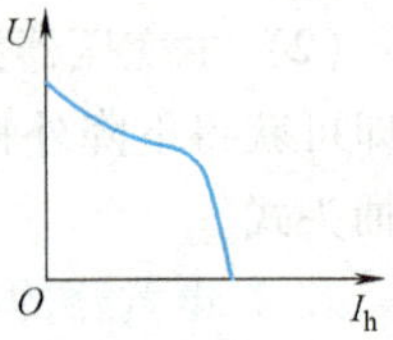
调节特性	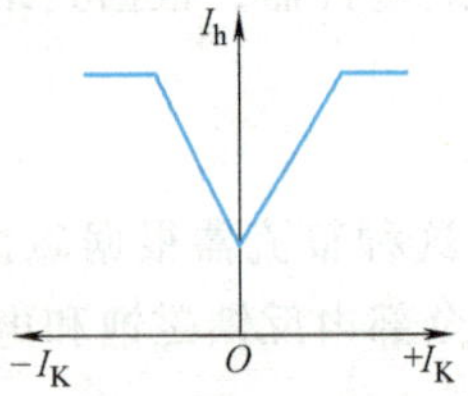	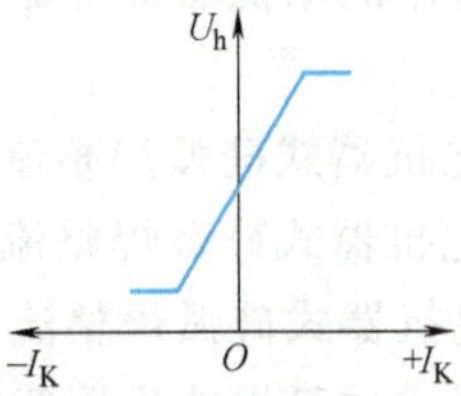	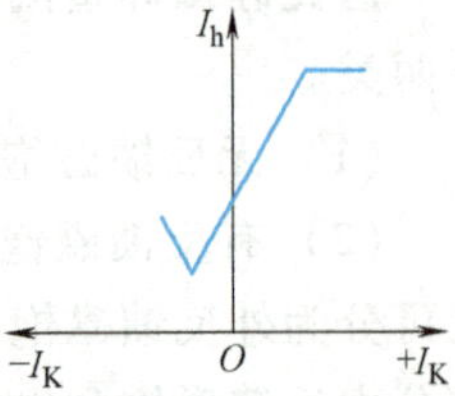
交流绕组中的电流波形	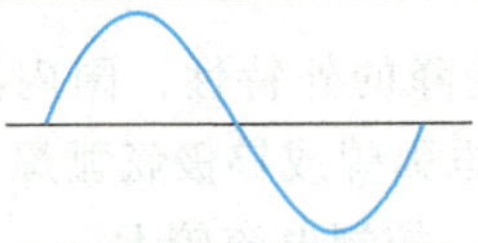	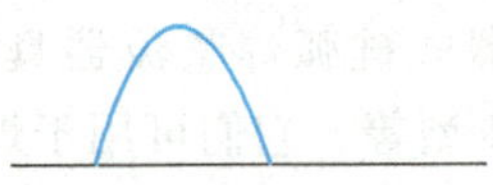	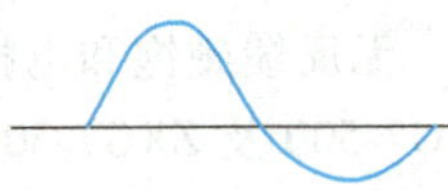
内正反馈	无	强	弱
电流放大倍数	小	大	中

能力知识点 3 硅弧焊整流器的常见故障及排除

1. 硅弧焊整流器的使用与维护

1）定期检查焊机的绝缘电阻（在用绝缘电阻表测量绝缘电阻前，应将整流器件的正负极用导线短路）。

2）焊机不得在不通风的情况下进行焊接工作，以免烧毁整流器件。安放焊机的位置附近应有足够的空间，以保证排风良好。

3）焊机切忌剧烈振动，更不允许对其敲击，因这样会破坏磁饱和电抗器的性能，使焊机性能变坏，甚至不能使用。

4）应避免焊条与焊件长时间短路，以免烧毁焊机。

5）保持焊机清洁与干燥，定期用低压干燥的压缩空气进行清扫工作。

2. 常见故障及排除

硅弧焊整流器常见的故障及其维修方法见表3-2。

表3-2 硅弧焊整流器的常见故障及维修方法

故　障	原　因	维 修 方 法
焊机外壳带电	1）电源线误碰机壳 2）变压器、电抗器、风扇及控制电路元器件等碰机壳 3）未接接地保护线或接触不良	1）检查并消除碰机壳处 2）消除碰机壳处 3）接妥接地保护线
空载电压过低	1）电网电压过低 2）变压器绕组短路 3）磁力起动器接触不良 4）焊接电路有短路现象	1）调整电压至额定值 2）消除短路现象 3）使之接触良好 4）检查焊机地线和焊枪线，消除短路处
运行时电源熔丝烧断	1）硅整流器件被击穿造成短路 2）电源变压器一次绕组与铁心短路 3）焊机接线线板因灰尘堆集，受潮后将板面击穿而短路	1）更换损坏的硅整流器件 2）修复变压器，消除短路 3）更换接线板或将接线板表面刮干净
焊接电源调节失灵	1）控制绕组短路 2）控制电路接触不良 3）控制整流电路元器件击穿	1）消除短路处 2）使接触良好 3）更换元器件
机壳发热	1）主变压器一次绕组或二次绕组匝间短路 2）相邻的磁饱和电抗器交流绕组间相互短接，可能是卡进了金属杂物 3）一个或几个整流二极管被击穿 4）某一组（三个）整流二极管散热器相互导通，散热器之间不能相连接，如中间加的绝缘材料不好，或是散热器上留有螺母等金属物，造成短路	1）排除短路情况，二次组绕在外层，导线上不带绝缘层，出现短路的可能性更大 2）消除磁饱和电抗器交流绕组间隙中卡进的螺钉等金属物 3）更换损坏的整流二极管 4）更换二极管散热器间的绝缘材料，清除散热器上留有的螺栓、螺母等金属物
焊接电流不稳定	1）主电路交流接触器抖动 2）风压开关抖动 3）控制电路接触不良，工作失常	1）消除交流接触器抖动 2）消除风压开关抖动 3）检修控制电路
按下启动开关，焊机不启动	1）电源接线不牢或接线脱落 2）主接触器损坏 3）主接触器触点接触不良	1）检查电源输入处的接线是否牢固 2）更换主接触器 3）修复触点，使之良好接触或更换主接触器
工作中焊接电压突然降低	1）主电路全部或部分短路 2）整流器件击穿短路 3）控制电路断路或电位器未整定好	1）修复电路 2）更换器件，检查保护电路 3）检修调整控制电路

（续）

故障	原因	维修方法
风扇电动机不转	1) 熔断器熔体熔断 2) 电动机引线或绕组断线 3) 开关接触不良	1) 更换熔断器熔体 2) 接妥或修复 3) 使接触良好或更换开关
电流表无指示	1) 电流表或相应接线短路或断线 2) 主电路故障 3) 饱和电抗器和交流绕组断线	1) 修复电流表及电路 2) 排除故障 3) 排除故障
弧焊整流器电流冲击不稳定	1) 推力电流调整不合适 2) 整流器件出现短路，交流成分过大	1) 重新调整推力电流值 2) 更换被击穿的硅整流器件
弧焊整流器引弧困难	1) 空载电压不正常，故障在主电路中，整流二极管断路 2) 交流接触器的三个主触点有一个接触不良	1) 更换已损坏的整流二极管 2) 修复交流接触器，使接触良好或更换新的交流接触器
弧焊整流器输出电流不稳定	1) 焊接电路中的机外导线接触不良 2) 调节电流的传动螺杆螺母磨损后配合不紧，在电磁力作用下，动线圈由一个部件移到另一个部件	1) 通过外观检查或根据引弧情况来判断焊接电路的导通情况，紧固连接部位 2) 查找并更换磨损的螺杆螺母

【综合训练】

一、填空题（将正确答案填在横线上）

1. 无反馈磁饱和电抗器式硅弧焊整流器具有_____的外特性。

2. 为了提高磁饱和电抗器的电流放大倍数和获得所需的外特性，可以采用_____的磁饱和电抗器。

3. 全部内反馈磁饱和电抗器式硅弧焊整流器具有_____的外特性。

4. 无反馈式硅弧焊整流器在交流绕组内流过的电流是_____的交流电流；全部内反馈式硅弧焊整流器在交流绕组内流过的电流是_____电流；部分内反馈式硅弧焊整流器在交流绕组内流过的电流是_____的交流电。

二、简答题

1. 硅弧焊整流器由哪几部分组成？各部分的作用是什么？
2. 硅弧焊整流器是如何分类的？分哪些类型？

三、实践部分

1. 组织学生在焊接实训场地或有条件的地方了解无反馈式、全部内反馈式和部分内反馈式硅弧焊整流器的结构特点和工作原理；采用以上几种弧焊电源实施焊接练习，学会各种弧焊电源的焊接工艺参数调节方法，体会各种弧焊电源的动特性。

2. 组织学生在教师的指导下，按表 3-2 分析各种硅弧焊整流器常见故障的产生原因，排除各种故障。

综合知识模块2　晶闸管式弧焊整流器

随着大功率晶闸管在20世纪60年代问世，弧焊电源也相应地出现了晶闸管式弧焊整流器。晶闸管式弧焊整流器属于电子控制型弧焊电源，由于其本身具有理想的外特性、优良的动特性及良好的可控性，容易实现遥控、网压补偿、过载保护、热起动以及具有引弧容易、性能柔和、电弧稳定及飞溅少等优点，且对电源外特性形状的控制、焊接工艺参数的调节都可以通过改变晶闸管的触发延迟角来实现，而不需要用磁饱和电抗器，它的性能更优于磁饱和电抗器式硅弧焊整流器，因此被列为更新换代产品，并已逐步取代磁饱和电抗器式硅弧焊整流器。国产晶闸管式弧焊整流器主要有ZDK系列和ZX5系列。

> **资料卡**
>
> 晶闸管（Thyristor）是晶体闸流管的简称。在电力二极管开始应用后不久，1956年美国贝尔实验室发明了晶闸管，从此揭开了电力电子技术发展和应用的序幕。由于晶闸管具有容量大、耐压高、功耗小及良好的可控性，很适合制作弧焊电源，因此在20世纪60年代初期，出现了以晶闸管为整流器件的弧焊电源——晶闸管式弧焊整流器。这种弧焊电源目前应用较为广泛。

能力知识点1　晶闸管式弧焊整流器的组成

晶闸管式弧焊整流器的组成如图3-2所示。主电路由主变压器T、晶闸管整流器UR和输出电抗器L组成。C为晶闸管的触发电路。当要求得到下降外特性时，触发脉冲的相位由给定电流U_{gi}和电流反馈信号U_{fi}确定；当要求得到平外特性时，触发脉冲的相位则由给定电压U_{gu}和电压反馈信号U_{fu}确定。此外还有操纵和保护电路CB。

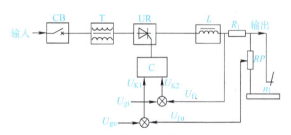

图3-2　晶闸管式弧焊整流器的组成

能力知识点2　晶闸管式弧焊整流器的主要特点

（1）动特性好　它与硅弧焊整流器相比，内部电感小，故具有电磁惯性小、反应速度快的特点。在用于平特性电源时，可以满足所需的短路电流增长速度；当用于下降外特性电源时，不致有过大的短路电流冲击。且在必要时可以对其动特性指标加以控制和调节。

（2）控制性能好　由于它可以用很小的触发功率来控制整流器的输出，并具有电磁惯性小的特点，因此易于控制。通过不同的反馈方式可以获得所需的各种外特性形状。电流、电压可在较宽的范围内均匀、精确、快速地调节。并且易于实现对电网电压的补偿。因此，这种整流器可用作弧焊机器人的配套电源。

（3）节能　它的空载电压较低，其效率、功率因数较高，输入功率较小，故节约电能。

（4）省料　与磁饱和电抗器式电源相比，它没有磁饱和电抗器，故可以节省材料，减轻重量。

（5）电路复杂　除主电路和控制电路外，还有触发电路，使用的电子元器件较多，这对电源使用的可靠性有很大影响，同时对电源的调试和维修的技术要求也较高。

（6）存在整流波形脉动问题　晶闸管式弧焊整流器是通过改变晶闸管的导通角来调节电流和电压的，因此电流和电压波形的脉动比磁饱和电抗器式电源大。尤其是在下降外特性的情况下，空载电压比工作电压要高得多，要求电压变化范围很大。空载时，晶闸管需要全导通，以输出高电压；负载时，则要求其导通角变得较小，以输出低电压。当导通角很小时，整流波形脉动加剧，甚至出现不连续的现象，导致焊接电弧不稳定。解决办法是在晶闸管上并联二极管和限流电阻，构成维弧电路。

能力知识点3　晶闸管式弧焊整流器的应用范围

（1）平特性晶闸管式弧焊整流器　适用于熔化极气体保护焊、埋弧焊以及对控制性能要求较高的数控焊，还可作为弧焊机器人的电源。

（2）下降特性晶闸管式弧焊整流器　适用于焊条电弧焊、钨极氩弧焊和等离子弧焊。

能力知识点4　典型产品简介

目前国内各电焊机生产厂家生产的晶闸管式弧焊整流器的电路形式很多，不同形式的主电路和控制电路可以组成各种实用电路，其中生产和应用较为普遍的是ZDK系列和ZX5系列。

1. ZDK-500型弧焊整流器

ZDK-500型弧焊整流器具有平、陡降两种外特性，可用于焊条电弧焊、CO_2气体保护焊、氩弧焊、等离子弧焊和埋弧焊等。图3-3所示为ZDK-500型弧焊整流器电路的原理框图。主变压器T的输出电压经晶闸管整流器UR整流，然后经输出电抗器L输出。硅整流器VC与限流电阻R组成维弧电路，维持电弧的稳定燃烧。触发电路ZD产生触发脉冲，用于触发整流器UR中的晶闸管。控制电压U_K则是控制触发脉冲的相位，从而得到不同的输出电压或电流，获得不同的外特性。整个电路还受操纵、保护电路CB控制。

ZDK-500型弧焊整流器主要分为主电路、触发电路、反馈控制电路、操纵和保护电路四部分。下面分别介绍主电路、触发电路和反馈控制电路。

（1）主电路　ZDK-500型弧焊整流器的主电路如图3-4所示，它是带平衡电抗器的双反星形可控整流电路。其作用是进行可控整流，以获得不同的焊接电流或电压。它有六个晶闸管，主变压器采用三相，其二次侧每相有两个匝数相同的绕组，各以相反极性构成星形联结，故称为"双反星形"。实际上它是通过平衡电抗器L_B并联起来的两组三相半波整流电路。平衡电抗器是带有中心抽头的电感，抽头两侧的线圈匝数相等。平衡电抗器L_B的作用是承受两组三相半波整流电路输出电压的差值，使两组电路并联工作，并造成两相同时导电，延长每个晶闸管的导通时间。

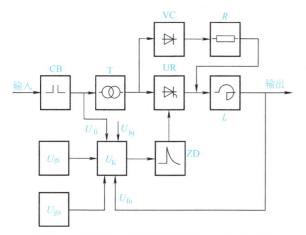

图 3-3 ZDK-500 型弧焊整流器电路原理框图

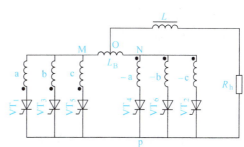

图 3-4 ZDK-500 型弧焊整流器的主电路

在主电路中，输出电抗器 L 有两个作用：一是滤波，二是抑制短路电流峰值，改善动特性。

带平衡电抗器的双反星形整流器在主电路中有电抗器 L 时，具有如下特点：

1) 带平衡电抗器的双反星形整流电路，相当于正极性和反极性两组三相半波整流电路的并联。

2) 任何瞬时，正、反极性组均有一个电路导通工作。

3) 输出电压脉动小，触发电路简单。

4) 设备容量小，整流器件承载能力强。

由于这种电路能较好地满足弧焊工艺低电压、大电流的要求，因此在我国得到了广泛的应用。

（2）触发电路　ZDK-500 型弧焊整流器采用同步电压为正弦波的晶体管式触发电路，它的任务是产生晶闸管 $VT_{1\sim6}$ 所需的触发脉冲，其相位能够移动。由于主电路采用的是共阴极的带平衡电抗器的双反星形形式，所以采用六套触发脉冲电路。

ZDK-500 型弧焊整流器触发脉冲应满足以下要求。

1) 触发脉冲应有足够的功率：触发电压、电流和脉冲宽度应足以触发晶闸管。

2) 触发脉冲与施于晶闸管的电源电压必须同步：触发脉冲与主电路电源电压应有相同频率，且有一定的相位关系，这样才能使每个周期都在同样的相位触发，即各周期中触发延迟角不变，从而可输出稳定的电压和电流。晶闸管式弧焊整流器采用三相或六相整流电路，为保持各相平衡，还要求各相的晶闸管具有相同的触发延迟角。

3) 触发脉冲应能移相并达到要求的移相范围：为了调节焊接参数和控制电源的外特性形状，需改变晶闸管的导通角，这要靠触发脉冲移相来实现。晶闸管式弧焊整流器工作于电阻电感性负载的条件下，其输出电压从最大调节至零，对应的触发延迟角 α 调节范围就是要求触发脉冲移相范围。对于带平衡电抗器的双反星形和六相半波可控整流电路都要求触发脉冲移相范围为 $0°\sim90°$。

（3）反馈控制电路　ZDK-500 型弧焊整流器采用了电压负反馈和电流截止负反馈，可分别获得平、陡降两种外特性，其简化后的闭环控制电路如图 3-5 所示。若欲得到陡降外特性时，将开关 SA_1 转至"降"位置。当需要得到平特性时，只要把开关 SA_1 转到"平"的位置即可。

(4) 主要技术参数　ZDK-500 弧焊整流器的主要技术参数如下：

　　额定焊接电流：500A。
　　电流调节范围：50～600A。
　　额定负载持续率：80%。
　　额定容量：36.4kV·A。
　　质量：350kg。
　　外形尺寸：940mm×540mm×1000mm。

2. ZX5-400 型弧焊整流器

ZX5 系列弧焊整流器有 ZX5-250 和 ZX5-400 等型号，具有下降外特性，它的动态响应迅速、瞬间冲击电流小、飞溅小、空载电压高、引弧方便可靠。此外还具有优良的电路补偿功

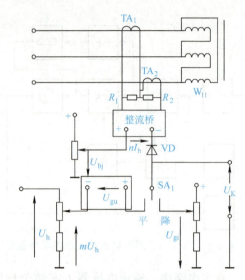

图 3-5　ZDK-500 弧焊整流器的闭环
控制简化电路图

能和自动补偿环节，并备有远控盒，以便远距离调节电流。其广泛适用于焊条电弧焊和碳弧气刨。其原理框图如图 3-6 所示。下面以 ZX5-400 为例予以介绍。

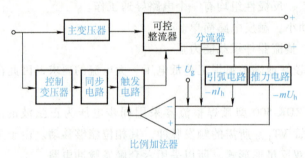

图 3-6　ZX5 系列弧焊整流器原理框图

(1) 主电路　ZX5-400 型弧焊整流器的主电路如图 3-7 所示。它的整流电路为带平衡电抗器的双反星形。在直流输出电路中的滤波电感 L 具有足够的电感量，它不仅可以减小焊接电流波形的脉动程度，而且可使主电路具有电阻电感性负载，因而当相电压变为负值时，晶闸管并不立即关断。这样焊机从空载到短路所要求的触发脉冲移相范围为 0°～90°，使触发电路得以简化（用两套触发电路即可）。另

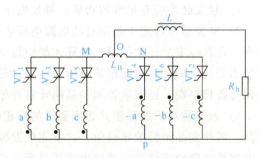

图 3-7　ZX5-400 型弧焊整流器的主电路

外，滤波电感 L 在很大程度上可抑制短路电流冲击，对改善电源动特性有很好作用。

ZX5-400 型的主电路中接有分流器，分流器除了用于电流测量外，还可用作电流负反馈的电流信号采样。这种采样方式简单、准确，无须增添专用元器件（如互感器），且不会增

加能量损耗；但所取得的信号很微弱，需经放大后才能用于控制。

（2）触发电路　ZX5-400型弧焊整流器采用单结晶体管触发电路，产生两套触发脉冲分别触发主电路中的正极性组和反极性组中的晶闸管。单结晶体管触发电路结构较简单，有一定抗干扰能力，输出脉冲前沿较陡。但其触发功率较小，脉冲较窄，一般只能用于直接触发50A以下的晶闸管。在ZX5系列弧焊整流器中，该触发电路是用以触发脉冲分配器中的晶闸管，再通过后者去触发主电路中的晶闸管，因此触发功率还是足够的。但单结晶体管参数分散性较大，这会给调试工作带来一定困难。

（3）控制电路　控制电路的简化图如图3-8所示。它主要包括运算放大器N_1和N_2，其作用是控制外特性和进行电网电压补偿。

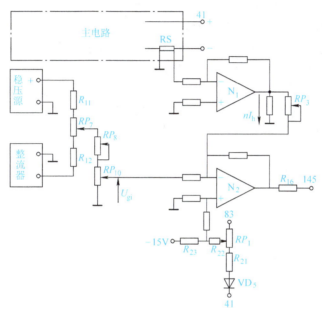

图3-8　ZX5-400型弧焊整流器控制电路简化图

1）对外特性控制。电路根据输入的给定电压和电流反馈信号，产生控制电压送入触发电路，以便得到所要求的下降外特性。首先，将由主电路中的分流器RS采样得到的正的电流反馈信号送入反相放大器N_1，进行放大后输出负信号$-nI_h$。再将$-nI_h$输入到反相比例加法器N_2，与电位器RP_{10}上取出的给定电压U_{gi}信号进行代数相加并放大。最后从145端点输出U_K，即

$$U_K = -K(U_{gi} - nI_h) \tag{3-1}$$

当U_{gi}一定时，随着焊接电流I_h的增加，控制电压U_K的绝对值减小，从而使主电路的晶闸管触发延迟角减小，同时主电路输出的整流电压也减小，得到陡降外特性。

只用电流负反馈时，可以通过电位器RP_{10}改变U_{gi}进行电流的调节。通过电位器RP_3可调节分流比n，改变外特性陡度，也可调节焊接电流I_h。有时可适当调节U_{gi}和n，使某一焊接电流可从不同陡度的外特性上获得，以适应不同位置焊接的要求。ZX5-400型弧焊整流器的外特性曲线如图3-9所示。

此外，ZX5-400型弧焊整流器带有电弧推力控制环节。当弧焊整流器输出端电压U_h高

于15V时，电弧推力控制环节不起作用。当U_h低于15V时，电压负反馈起作用，使整流器的外特性在低压段下降变缓、出现外拖，短路电流增大，使焊件熔深增加并避免焊条被粘住。调节相应电位器可改变外特性在低压外拖段的斜率，以满足不同焊件施焊时对电弧穿透力的要求。

2）电网电压补偿及过流保护电路。

① 电网电压补偿：ZX5-400型弧焊整流器还具有电网电压补偿作用。当电网电压上升时，通过合适的电路反馈作用使U_K的绝对值和晶闸管的导通角减小，从而可抵消电网电压升高的影响。反之，

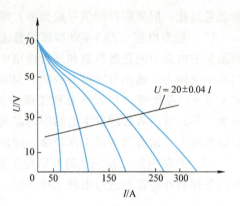

图3-9 ZX5-400型弧焊整流器的外特性曲线

当电网电压下降时，则使U_{gi}和U_K的绝对值和晶闸管的导通角增大，抵消电网电压下降的影响。该整流器对电网电压补偿的强弱可以调节。

② 过流保护电路：ZX5-400型弧焊整流器含有过流保护电路。当焊接电流超过一定限度后，弧焊整流器的控制电路停止工作，主电路晶闸管关断，即整流器自动停电。过载保护动作的电流值可以调节。

3. 主要技术参数

图3-10所示为ZX5-400型弧焊整流器外形图，其主要技术参数如下：

额定焊接电流：400A。
功率因数：0.75。
额定负载持续率：60%。
空载电压：63V。
质量：200kg。
外形尺寸：504mm×653mm×1010mm。

图3-10 ZX5-400型弧焊整流器外形

能力知识点5 晶闸管式弧焊整流器的故障排除

晶闸管式弧焊整流器常见故障与维修方法见表3-3。

表3-3 晶闸管式弧焊整流器常见故障与维修方法

故障	原因	维修方法
接通电源，指示灯不亮	1）电源无电压或缺相 2）指示灯损坏 3）熔断器熔体熔断 4）连接线脱落	1）检查并接通电源 2）更换指示灯 3）更换熔断器熔体 4）查找脱落处并接牢
闭合焊机开关，焊机不动作	1）开关接触不良或损坏 2）熔断器熔体熔断 3）电风扇电容损坏 4）电风扇损坏 5）与电风扇的接线未接牢或脱落	1）检修开关或更换 2）更换熔断器熔体 3）更换电容 4）检修或更换电风扇 5）接牢接线处

（续）

故　　障	原　　因	维　修　方　法
焊机内出现焦煳味	1）主电路部分或全部短路 2）电风扇不转或风力过小 3）主电路中有晶闸管被击穿短路	1）修复电路 2）修复电风扇 3）更换晶闸管
焊接、引弧推力不可调	1）调节电位器的活动触头松动或损坏 2）控制电路板元器件损坏 3）连接线脱落、虚焊	1）检查电位器或更换电位器 2）更换已坏器件 3）接牢脱落处或焊牢
引弧困难，电压表显示空载电压为50多伏	1）整流二极管损坏 2）整流变压器绕组有两相烧断 3）输出电路有断路 4）整流电路的降压电阻损坏	1）更换二极管 2）检修变压器绕组 3）接好电路 4）更换降压电阻
闭合焊机开关、瞬时烧坏熔断器	1）控制变压器绕组匝间或绕组与框架短路 2）电风扇搭壳短路 3）控制电路板元器件损坏引起短路 4）控制接线脱落引起短路	1）排除短路 2）检修电风扇 3）更换损坏元器 4）将脱线处接牢
噪声变大、振动变大	1）电风扇扇叶碰风圈 2）电风扇轴承松动或损坏 3）主电路中晶闸管不导通 4）固定箱壳或内部的某固定件松动 5）三相输入电源中某一相开路	1）整理电风扇支架使其不碰 2）修理或更换 3）修理或更换 4）拧紧紧固件 5）调整触发脉冲，使其平衡
焊机外壳带电	1）电源线误碰机壳 2）变压器、电抗器、电源开关及其他电器部件或接线碰箱壳 3）未接接地线或接触不良	1）检查并消除碰壳处 2）消除碰壳处 3）接妥接地线
不能引弧，即无焊接电流	1）焊机的输出端与焊件连接不可靠 2）变压器二次绕组匝间短路 3）主电路晶闸管（6个）其中几个不触发 4）无输出电压	1）使输出端与焊件连接 2）消除短路处 3）检查控制电路触发部分及其引线并修复 4）检查并修复
焊接电流调节失灵	1）三相输入电源其中一相开路 2）近、远程选择与电位器不相对应 3）主电路晶闸管不触发或击穿 4）焊接电流调节电位器无输出电压 5）控制电路有故障	1）检查并修复 2）使其对应 3）检查并修复 4）检查控制电路给定电压部分及引出线 5）检查并修复
无输出电流	1）熔丝熔断 2）电风扇不转或长期超载使整流器内温度过高，从而使温度继电器动作 3）温度继电器损坏	1）更换熔丝 2）修复电风扇 3）更换

(续)

故障	原因	维修方法
焊接时焊接电弧不稳定,性能明显变差	1)电路中某处接触不良 2)滤波电抗器匝间短路 3)分流器到控制箱的两根引线断开 4)主电路晶闸管其中一个或几个不导通 5)三相输入电源其中一相开路	1)使接触良好 2)消除短路处 3)应重新接上 4)检查控制电路及主电路晶闸管并修复 5)检查并修复

【综合训练】

一、填空题（将正确答案的序号写在横线上）

本书介绍的常用晶闸管式弧焊整流器的型号是_____。
A. ZX3-400   B. ZX5-400   C. ZX7-400   D. BX1-300

二、简答题

1. 晶闸管式弧焊整流器由哪几部分组成？
2. 晶闸管式弧焊整流器有什么特点？其应用如何？
3. 简述 ZDK-500 型弧焊整流器及 ZX5-400 型弧焊整流器的主电路。
4. 分析 ZX5 系列晶闸管式弧焊整流器其触发电路工作原理及特点。
5. ZDK-500 型弧焊整流器是怎样获得平、陡降两种外特性的？

三、实践部分

1. 组织学生在焊接实训场地或有条件的地方了解 ZDK-500、ZX5 系列晶闸管式弧焊整流器的结构特点，工作原理；采用以上几种弧焊电源实施焊接练习，学会各种弧焊电源的焊接工艺参数调节方法，体会各种弧焊电源的动特性。

2. 在教师的指导下，根据表 3-3 分析各种晶闸管式弧焊整流器常见故障的产生原因，以及排除各种故障的方法。

单元小结

1) 硅弧焊整流器的电路一般由主变压器、电抗器、整流器和输出电抗器等几部分组成。硅弧焊整流器可按有无电抗器分为无电抗器的硅弧焊整流器和有电抗器的硅弧焊整流器。

无电抗器的硅弧焊整流器按主变压器的结构不同又可分为：①主变压器为正常漏磁的；②主变压器为增强漏磁的。按增强漏磁的方法不同又可分为动圈式、动铁式和抽头式。

有电抗器的硅弧焊整流器所用的电抗器都是磁饱和电抗器式的。根据其结构特点不同又可分为：①无反馈磁饱和电抗器式硅弧焊整流器；②有反馈磁饱和电抗器式硅弧焊整流器。根据磁饱和电抗器的反馈形式，又可分为外反馈磁饱和电抗器式硅弧焊整流器、全部内反馈磁饱和电抗器式硅弧焊整流器和部分内反馈磁饱和电抗器式硅弧焊整流器等。

2) 硅弧焊整流器与弧焊发电机相比具有以下优点：①易造易修、节省材料、成本低、效率高；②易于获得不同形状的外特性，以满足不同焊接工艺的要求；③动特性及输出电流波形易于控制，适应性强；④易于实现远距离调节和对电网电压进行补偿；⑤噪声小。

3) 无反馈磁饱和电抗器式硅弧焊整流器具有陡降的外特性,国内典型产品有 ZXG7-300、ZXG7-500 及 ZXG7-300-1 等,可用于焊条电弧焊或钨极氩弧焊。这种弧焊整流器的缺点是磁饱和电抗器没有反馈,电流放大倍数小,控制电流较大。

4) 全部内反馈磁饱和电抗器式硅弧焊整流器采用带有正反馈的磁饱和电抗器,使铁心达到"自饱和",从而获得平的电源外特性,通过改变控制电流 I_K,可调节弧焊整流器的输出电压 U_h,即 $U_h=f(I_K)$。全部内反馈磁饱和电抗器式硅弧焊整流器国内典型产品有 ZPG1-500、ZPG1-1500、ZPG2-500 和 GD-500 等。这种弧焊整流器适用于 CO_2 或稀有气体及混合气体保护下的熔化极电弧焊。

5) 部分内反馈磁饱和电抗器式硅弧焊整流器的反馈作用介于无反馈式和全部内反馈式之间,为缓降的,这是通过内桥电阻 R_n 来实现的。部分内反馈磁饱和电抗器式硅弧焊整流器,国内典型产品有 ZXG-300、ZXG-400 及 ZXG-500 等,它们具有下降外特性,可用作焊条电弧焊和钨极氩弧焊的直流电源。另外还有可兼获下降和平外特性的多特性弧焊整流器,典型产品有 ZDG-500-1、ZDG-1000R 和 ZPG-1000 等。可用于焊条电弧焊、埋弧焊、CO_2 气体保护焊等。

6) 上述三种类型磁饱和电抗器式硅弧焊整流器,它们的基本原理都是利用磁化曲线的非线性,通过调节其控制绕组中的控制电流来改变磁饱和电抗器铁心的饱和程度、磁导率和交流绕组的感抗,以达到调节输出电流(无反馈式和部分内反馈式)和电压(全部内反馈式)的目的。

7) 晶闸管式弧焊整流器主要由主电路、触发电路、反馈电路和操纵保护电路等组成。

晶闸管式弧焊整流器可通过不同的方式改变晶闸管的导通角来获得不同形状外特性,导通角的大小由触发电路的直流控制电压 U_K 来确定,通常可获得陡降与水平的外特性。陡降特性晶闸管式弧焊整流器适用于焊条电弧焊、钨极氩弧焊和等离子弧焊;平特性晶闸管式弧焊整流器适用于熔化极气体保护焊、埋弧焊以及对控制性能要求较高的数控焊,还可作为弧焊机器人的电源。

晶闸管式弧焊整流器具有动特性好、控制性能好、节能和节省材料等一系列优点,但存在电路复杂、整流波形脉动等问题。

8) ZDK-500 型弧焊整流器主电路采用共阴极的带平衡电抗器双反星形形式,能较好地满足弧焊工艺低电压、大电流的要求;触发电路采用六套同步电压为正弦波的晶体管触发脉冲电路,以产生不同相位的触发脉冲,并控制晶闸管的触发延迟角,获得不同的电源外特性;反馈控制电路采用电压负反馈和电流截止负反馈,可分别获得平、陡降两种外特性,采用复合负反馈可以改变外特性下降的斜率。ZDK-500 型弧焊整流器动特性好、反应速度快,电流、电压控制范围大,常用于焊条电弧焊、CO_2 气体保护焊、氩弧焊、等离子弧焊和埋弧焊等。

9) ZX5 系列弧焊整流器有 ZX5-250、ZX5-400 等型号,整流电路采用带平衡电抗器的双反星形形式(共阳极),两套单结晶体管触发电路产生触发脉冲改变晶闸管的导通角,采用电流负反馈获得陡降的外特性,其电弧稳定,飞溅小,有利于进行全位置焊接,广泛用于直流焊条电弧焊及碳弧气刨。

10) 晶闸管式弧焊整流器还包括控制电源输出电压或电流的控制电路以及操纵保护电路,具有抵消电网电压的波动、过载保护及增大推弧电流等作用。

[焊接工匠]

王建伟,全国五一劳动奖章、山西省五一劳动奖章、运城市五一劳动奖章获得者;中铝山西企业劳动模范,全国技术能手、三晋技术能手、有色金属行业技术能手、河东工匠;享受山西省政府特殊津贴;2020年11月,荣获全国劳动模范称号。

全国劳动模范王建伟:焊花飞溅铸匠心

王建伟出生在一个普通工人家庭,1998年,从山西铝厂技工学校毕业,被分配到原山西铝厂检修分厂压容车间从事焊接工作。因为该工作又苦又累,很长时间里,像其他年轻人一样,他只是按部就班地将焊接作为谋生手段。2007年的一天,父亲突然病逝,家庭遭遇的重大变故,让上有老下有小、刚刚30岁出头的王建伟突然意识到,自己不能再这样消磨时光,必须尽快成长成熟起来。

"要干就要干成行家里手。"生活的困苦没有将王建伟打倒,而是为他注满了前进的动力。每天只要一有时间,他就把弄焊把,苦练焊接技术。半年多的时间里,他练习所用的材料加起来是别人的数倍,这种看起来笨拙的"功夫"却让他的焊接技术突飞猛进。

氩弧焊外观要求高且有一定辐射,很多焊工觉得掌握了基础技术就行了,但王建伟却不放过任何一个提高自己的机会。无数次冒着高温灼伤的危险,无数次被电弧光刺得直流泪,但他全然不顾,将每条焊缝当成一件作品一样,细致处理、反复打磨。为了练习手腕的稳定性,找到最合适的支点,一个姿势反复练习七八天都不足为奇。

省煤器蛇形管的焊缝焊接要求非常高,每条焊缝都要接受超高压运行的考验,正是王建伟对焊接工作的那份执着,让他有了小试牛刀的机会。经过严格筛选,王建伟顺利成为焊接骨干队伍中的一员,一个多星期的时间里,他稳扎稳打,精心焊接,创造了焊缝一次探伤合格率99.7%的好成绩。

"在工作中,铝管、不锈钢管等不同材质的焊接都要接触到,还有很多的焊接知识要学习。"王建伟说。他家里的书架上摆满了焊接专业的书籍,在大家眼里,学习、钻研就是王建伟的代名词。10年时间里,他不但掌握了多种焊接方法,同时还掌握了铆工、管工、电工、起重工等相关专业技能,成为检修和焊接方面的"全能"技术能手。10年时间里,原山西铝厂检修分厂经过改革改制,蜕变成能够对外承揽业务的山西中铝工业服务公司,也让王建伟的一身所学有了更大的发挥空间。

精湛的焊工技术和敢想敢干的工作作风,使王建伟在焊接方面的名气越来越大。2007年至今,他先后代表企业参加山西省、有色金属行业、全国工程建设系统技能大赛,出色的焊接技艺带给他无上荣耀。因为工作表现突出，2017年，王建伟被授予全国五一劳动奖章。虽然取得了一些成绩，但"成为焊接领域行家里手"的誓言一直鞭策着王建伟。在完成日常检修工作的同时，他积极研究新材料、新工艺、新技术，也一次次地帮助企业解决难题。

法国生产的"宽通道板式换热器"因长期运行，换热器内部出现不同程度磨损，不锈钢的特殊材质以及超薄的换热板片让检修人员非常犯难，生产方抱着"死马当作活马医"的心态找到了王建伟。20多天时间里，王建伟每天对着拆卸回来、薄如纸片的换热板片，反复调整焊接参数和工艺，最终，用普通焊机完成了机器才能完成的焊接工艺，成功攻克了1.2mm不锈钢板片连续焊接的技术难题，突破了国外技术垄断，实现了该项技术检修国产化。

对于像王建伟这样永不言弃的人来说，这样的技术突破并不是个例。进口铝合金油冷器是多功能天车的核心部件，因为铝合金材质的特殊性，用传统的焊接方法难以修复，仓库里多年积攒下来的设备让生产方犯难，多方打听之下找到了王建伟。为将影响焊接的因素降到最低，王建伟从设备拆卸细节入手，在将一台油冷器大卸八块之后，终于掌握了检修诀窍。

"这种进口设备很'娇气'，任何杂质颗粒都会影响焊接效果。"经过连续几天的反复拆卸，以及焊接工艺的不断调整，王建伟终于成功修复了一台设备，并陆陆续续为生产方修理数台油冷器。在检修过程中，铝合金焊接气孔多、易产生热裂纹等多项难题的成功突破，更是为实现进口油冷器检修国产化打下了基础，填补了国内有色金属行业的技术空白。

个人业务的不断精进让王建伟收获了很多荣誉，但作为基层检修人员，如何最大限度地提高工作效率，仍然是他不懈的追求。"各种高压设备检修或大修，都是工期紧、任务重、质量要求高的重要工程，工期提前一天效益就是上万元，只有工艺、工序方面大胆创新，才能最大限度地解放人员。"

2018年，以王建伟名字命名的劳模创新工作室正式揭牌，同年年底，又被命名为中铝集团首批员工创新工作室。劳模工作室的成立让他在提高设备大修效率方面有了大展拳脚的舞台，从工作室设立之初，王建伟就将解决生产中检修难题、提高检修效率作为工作的重点。

"氧化铝设备包括压煮器、脱硅槽、蒸发器等大型柱形罐体，施工环节多、检修周期时间长、检修频率高，以前都在忙着干活抢修，每次对检修经验的提炼太少了。"劳模创新工作室的设立，有了和王建伟一起出主意、想办法的同事，让他真正将所想变成现实，在谈到第一个创新项目脱硅槽大修时，王建伟深有感触。

脱硅槽是氧化铝高压溶出主体设备，因长周期使用造成脱硅槽里加热管束破裂、积料严重，影响了脱硅槽的正常运行，每年都有3~4台脱硅槽要进行设备大修。为了提高检修效率，劳模创新工作室人员在王建伟的带领下，积极出主意、想办法。"能不能利用中心搅拌轴呢？""具体怎样固定和操作呢？"一个个问题被抛了出来，在大家集思广益之下，问题很快一一解决，最终，依托脱硅槽中心搅拌轴自行设计调运管排和组对管排支架的方案正式出炉。

"以前仅回装上下环管、管排这一工序就需要64个人工配合吊车，数天才能完成，现在我们仅用1人转动中心搅拌轴就可以实现360°无死角施工。"检修人员自豪地说。目前，该技术已成功应用于中铝山西新材料有限公司高压溶出压煮器、脱硅槽、蒸发器的大修中。

2019年以来，王建伟带领劳模创新工作室，共完成了"一种柱形罐体防倾倒装置""一种水冷壁管排吊装装置""一种焊剂回收装置"等10余项创新课题，大大提升了生产效率和安全生产系数，其中有4项课题已获得国家知识产权局实用新型专利，全年创造经济效益近百万元。

努力终有收获。这些年，王建伟获得多项荣誉，被授予全国五一劳动奖章、山西省五一劳动奖章、运城市五一劳动奖章、中铝山西企业劳动模范；被评为全国技术能手、三晋技术能手、有色金属行业技术能手、河东工匠等，享受山西省政府特殊津贴；2020年11月，荣获全国劳动模范称号。

一个面罩，一把焊枪，一身防护服，20年来，璀璨的焊花见证了王建伟踏实成长之路，也见证了他收获的每一项荣誉。

第4单元

脉冲弧焊电源

【学习目标】
1) 熟悉脉冲弧焊电源的种类、特点及应用范围,脉冲电流的获得方法。
2) 掌握各种常用脉冲弧焊电源(包括单相整流式、磁饱和电抗器式、晶闸管式、晶体管式)的基本原理、种类、特点、产品及应用。

综合知识模块1　脉冲弧焊电源概述

能力知识点1　脉冲弧焊电源的特点及应用范围

在生产实践中,对焊接薄板和热输入敏感性大的金属材料以及全位置施焊等工艺,若采用一般电流进行焊接,则在熔滴过渡、焊缝成形、保证接头质量以及控制焊件变形等方面往往是不够理想的。采用脉冲电流进行焊接,不仅可以精确地控制焊缝的热输入,使熔池体积及热影响区减小,高温停留时间缩短,而且无论是薄板还是厚板,无论是普通金属、稀有金属还是热敏感性强的金属,都有较好的焊接效果。用脉冲电流焊接还能较好地控制熔滴过渡,可以用低于喷射过渡临界电流的平均电流来实现喷射过渡,对全位置焊接有独特的优越性。

脉冲弧焊电源与一般弧焊电源的主要区别就在于所提供的焊接电流是周期性脉冲式的,包括基本电流(维弧电流)和脉冲电流;它的可调参数较多,如脉冲频率、脉冲幅值、宽度、电流上升速度和下降速度等,还可以变换脉冲电流波形,以便更好地适应焊接工艺的要求。

目前脉冲弧焊电源主要用于气体保护焊和等离子弧焊。它的控制电路一般比较复杂,维修比较麻烦,在工艺要求较高的场合才宜于应用。但结构简单、使用可靠的单相整流式脉冲弧焊电源也用在一般场合。

小知识　脉冲指的是一种具有突然变化的过程,有冲击、短促和脉动的含义。例如,天空的雷电、脉搏的跳动,都可称为脉冲。电子技术中,脉冲是区别直流和正弦交流而言的,通常把在极短时间间隔内不为零(或常量)的电压或电流称为脉冲。

能力知识点 2　脉冲电流的获得方法

脉冲电流可以采用多种方法来获得。早期的脉冲弧焊电流常采用在焊接主电路中加限流电阻和短路装置（机械开关）的方法来取得。但是，这种方法存在脉冲频率低、设备寿命短、可靠性低的缺点。随着科技的发展，现已普遍采用大功率电子开关器件，通过阻抗变换和脉冲给定值等方法来获得脉冲电流。归纳起来，有以下四种基本方法来获得脉冲电流。

（1）利用硅二极管的整流作用获得脉冲电流　这类脉冲弧焊电源采用硅二极管提供脉冲电流，可获得 100Hz 和 50Hz 两种频率的脉冲电流。

（2）利用电子开关获得脉冲电流　它是在普通直流弧焊电源直流侧或交流侧接入大功率晶闸管，分别组成晶闸管交流断续器或直流断续器，利用它们的周期性通、断获得脉冲电流。

（3）利用阻抗变换获得脉冲电流　这种方法又可以细分为两种：其一是变换交流侧阻抗值，使三相阻抗 Z_1、Z_2、Z_3 数值不相等而获得脉冲电流；其二是变换直流侧电阻值，采用大功率晶体管组来获得脉冲电流。在这里，大功率晶体管组既可工作在放大状态，起变换电阻值大小的作用，又可工作在开关状态，起开关作用。

（4）利用给定信号变换和电流截止反馈获得脉冲电流　给定信号变换方式，是在晶体管式、晶闸管式弧焊电源的控制电路中，把脉冲信号指令送到给定环节，从而在主电路中得到脉冲电流；电流截止反馈方式，是利用周期性变化的电流截止反馈信号，使晶体管式弧焊电源获得脉冲电流输出。

用给定信号变换和电流截止反馈获得的脉冲电流波形是不连续的。为了使电弧不致在脉冲电流休止时熄灭，需采取相应措施或用另一电源来产生基本电流，以维持电弧连续、稳定的燃烧。因此，脉冲弧焊电源可以由脉冲电流电源和基本电流电源并联构成，这称为双电源式；也可以采用一台电源来兼顾，这称为单电源式或一体式，可以通过切换它的两条外特性，来分别满足脉冲和维弧的需求。

能力知识点 3　脉冲弧焊电源的分类

脉冲弧焊电源可按不同的方式分类，最常见的分类方式是按获得脉冲电流所用的主要器件不同来分类。

（1）单相整流式脉冲弧焊电源　它利用晶体管或二极管的单相半波或单相全波整流电路来获得脉冲电流。

（2）磁饱和电抗器式脉冲弧焊电源　它是在普通磁饱和电抗器式弧焊整流器的基础上发展而来的，按获得脉冲电流的方式不同又分为阻抗不平衡型和脉冲励磁型。

（3）晶闸管式脉冲弧焊电源　它是在普通弧焊整流器的交流侧或直流侧接入大功率晶闸管断续器而构成，按构成的方式不同又分为交流断续器式和直流断续器式。

（4）晶体管式脉冲弧焊电源　它是在焊接主回路中接入大功率晶体管（或晶体管组），起电子开关或可控电阻的作用，从而获得脉冲电流。

【综合训练】

简答题

1. 脉冲弧焊电源与普通直流弧焊电源相比有哪些特点？
2. 脉冲弧焊电源常采用哪些方法获得脉冲电流？

综合知识模块 2　单相整流式脉冲弧焊电源

能力知识点 1　基本形式及特点

单相整流式脉冲弧焊电源是采用单相整流电路提供脉冲电流。常见的有并联式、差接式和阻抗不平衡式三种。

1. 并联式单相整流脉冲弧焊电源

这是一种最简单的脉冲弧焊电源。它由一台普通直流弧焊电源提供基本电流 i_j，用另一台有中心抽头的单相变压器和硅二极管组成的单相整流器与其并联，提供脉冲电流 i_m。其电路原理如图 4-1 所示。

当开关 S 断开时为半波整流，脉冲电流频率为 50Hz，开关 S 闭合时为全波整流，脉冲电流频率为 100Hz。改变变压器抽头可调节脉冲电流的幅值，如果采用晶闸管代替硅二极管构成整流电路，还可以通过控制触发信号的相位来调节脉冲宽度，从而调节脉冲的幅度，用以对脉冲电流进行细调。

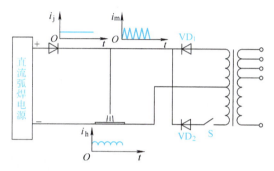

图 4-1　并联式单相整流脉冲弧焊电源电路原理图

这种脉冲弧焊电源结构简单，基本电流和脉冲电流可以分别调节，使用方便可靠，成本低。但是它的可调参数不多且会相互影响，所以只适合于一般要求的脉冲弧焊工艺。

一般采用陡降特性的弧焊电源来提供基本电流，用平特性的整流器来提供脉冲电流。

2. 差接式单相整流脉冲弧焊电源

差接式单相整流脉冲弧焊电源的电路原理如图 4-2 所示。它的工作原理与并联式单相整流脉冲弧焊电源基本上相同。只是不用带中心抽头的变压器，而改用两台二次电压和容量不同的变压器组成单相半波整流电路再反向并联而成，它们在正、负半周交替工作。二次电压较高者提供脉冲电流；二次电

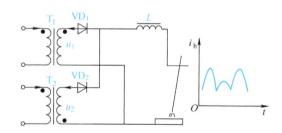

图 4-2　差接式单相整流脉冲弧焊电源电路原理图

压较低者提供基本电流。调节 u_1 和 u_2（它们可分别调节，互不影响）即可改变基本电流和脉冲电流的幅值以及脉冲焊接电流的频率。当 $u_1 \neq u_2$ 时，脉冲电流频率为 50Hz；当 $u_1 = u_2$ 时，脉冲电流频率为 100Hz。

这种脉冲弧焊电源的两个电源都采用平特性。用于等速送丝熔化极脉冲弧焊时，具有电弧稳定、使用和调节方便等特点。但制造较复杂，专用性较强。

3. 阻抗不平衡式单相整流脉冲弧焊电源

阻抗不平衡式单相整流脉冲弧焊电源电路原理及电流波形如图 4-3 所示。它采用正、负

半周阻抗不相等的方式获得脉冲电流。图中阻抗 Z_1、Z_2 大小不相等。正半周时，通过 Z_1 为电弧提供基本电流 i_1；负半周时，通过 Z_2 为电弧提供脉冲电流 i_2。因此，改变 Z_1、Z_2 的大小就可以调整脉冲焊接电流的幅值。

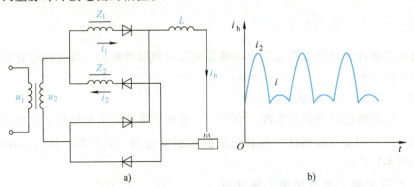

图 4-3　阻抗不平衡式单相整流脉冲弧焊电源
a) 主电路原理图　b) 电流波形图（$Z_1 > Z_2$）

这种脉冲弧焊电源具有使用简单且可靠的特点，但脉冲频率和宽度不可调节，应用范围受到一定限制。

能力知识点 2　产品介绍

现以国产 ZPG3-200 型单相整流式脉冲弧焊电源为例，介绍此类弧焊电源。

此弧焊电源的电路原理如图 4-4 所示，它属于并联式单相整流脉冲弧焊电源。该电源采用两个相互独立的电源并联构成。基本电流由一台磁饱和电抗器式弧焊整流器提供，通过改变内桥接线，可以得到平的或下降的外特性，改变磁饱和电抗器的励磁电流可以调节基本电流大小。脉冲电流则由一个平特性的单相整流电路提供，通过整流方式的变换（半波或全波），可获得 50Hz 或 100Hz 的脉冲电流；通过改变变压器 T_2 的抽头接线，来调节脉冲电流的幅值。脉冲电流电路接入了 QL-3 型峰值过载保护器，可以确保安全工作。

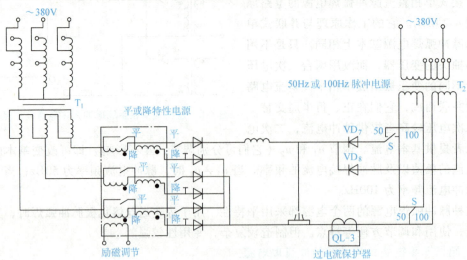

图 4-4　ZPG3-200 型脉冲弧焊电源电路原理图

【综合训练】

简答题

单相整流式脉冲弧焊电源的主要特点是什么？常见种类有哪些？

综合知识模块 3　磁饱和电抗器式脉冲弧焊电源

能力知识点 1　基本原理及特点

磁饱和电抗器式脉冲弧焊电源与磁饱和电抗器式弧焊整流器十分相似，它是利用特殊结构的磁饱和电抗器来获得脉冲电流的。根据获得脉冲电流的原理不同，磁饱和电抗器式脉冲弧焊电源可分为脉冲励磁型和阻抗不平衡型两种。

1. 脉冲励磁型

脉冲励磁型磁饱和电抗器式脉冲弧焊电源的主电路如图 4-5 所示。其主电路与普通磁饱和电抗器式弧焊整流器相同，但它的励磁电流 I_K 不是稳定的直流电流，而是采用了周期性变化的脉冲电流，使 I_h 随着 I_K 周期性变化而变化，从而获得周期性的脉冲焊接电流 I_h。

2. 阻抗不平衡型

如图 4-6 所示，阻抗不平衡型磁饱和电抗器式脉冲弧焊电源是使三相磁饱和电抗器中某一相的交流感抗增大或减小（通过改变 N_j 或改变磁导率来实现），以引起输出电流值有一相不同于另两相，从而获得周期性脉冲输出电流。此外，也可以通过三相电压不平衡来获得脉冲电流。

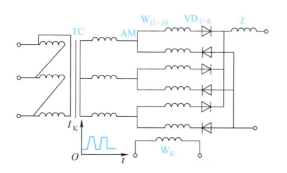

图 4-5　脉冲励磁型磁饱和电抗器式脉冲弧焊电源主电路图

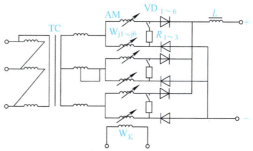

图 4-6　阻抗不平衡型磁饱和电抗器式脉冲弧焊电源主电路图

综上所述，磁饱和电抗器式脉冲弧焊电源是利用特殊结构的磁饱和电抗器来获得脉冲电流的，具有下列特点：

1）脉冲电流与基本电流取自同一个变压器，属于一体式，故结构简单，体积小。

2）通过改变磁饱和电抗器的饱和程度，可以在焊前及焊接过程中无级调节输出功率，所以调节焊接参数容易，使用方便。

3) 这类脉冲弧焊电源可以方便地利用普通磁饱和电抗器式弧焊整流器经改装而成，并可实现一机多用。

4) 由于磁饱和电抗器时间常数大，反应速度慢，使输出脉冲电流频率受到限制。

> **想一想** 磁饱和电抗器式脉冲弧焊电源与磁饱和电抗器式弧焊整流器有什么区别？

能力知识点 2　产品介绍

这里以 ZXM-250 为例做一简介。

1. 特点

1) ZXM-250 是脉冲励磁型磁饱和电抗器式脉冲弧焊电源，其焊接电流调节方便，便于遥控；但脉冲频率较低。

2) 具有垂直下降的外特性。

3) 具有焊接电流衰减功能，可以保证填满弧坑。

4) 装有焊接电流预调装置，可在焊前根据需要调整焊接电流。

2. 主要技术性能

1) 空载电压：90V。

2) 额定脉冲电流：250A。

3) 额定输出功率：5kW。

4) 基本电流调节范围：10~300A。

5) 电源电压：380V。

6) 额定基本电流：250A。

7) 脉冲电流调节范围：20~300A。

8) 脉冲电流频率：0.5~10Hz。

3. 主要应用范围

该电源主要用作非熔化极氩弧焊的电源，可对不锈钢及碳钢等金属进行直流脉冲（或无脉冲）非熔化极氩弧焊。

【综合训练】

一、简答题

1. 磁饱和电抗器式脉冲弧焊电源是怎样获得脉冲电流的？该脉冲弧焊电源具有什么特点？

2. 试分析脉冲励磁型磁饱和电抗器式脉冲弧焊电源的工作原理。

二、实践部分

在老师的指导下，试利用 ZXM-250 弧焊电源实施不锈钢的非熔化极氩弧焊，学会该弧焊电源的使用及焊接参数的调节方法。

综合知识模块 4　晶闸管式脉冲弧焊电源

晶闸管式脉冲弧焊电源按获得脉冲电流的方式不同，可分为晶闸管给定值式和晶闸管断续器式两类。

晶闸管给定值式弧焊电源的主电路与普通晶闸管式弧焊整流器相同,但在控制电路中比较环节的给定值(电压信号)不是恒定的直流电压,而是脉冲电压,使弧焊整流器的输出电流也相应地为脉冲电流,即焊接脉冲电流是由脉冲式给定电压控制的,这就是所谓的给定信号变换式脉冲弧焊电源。当脉冲式给定电压为高幅值时,主电路将输出相应幅值的脉冲电流,这类脉冲弧焊电源的脉冲频率调节范围较小,应用受到一定的限制;当脉冲式给定电压为低幅值时,主电路则输出与其相应的基本电流。这类脉冲弧焊电源应用较广。

晶闸管断续器式脉冲弧焊电源,主要由直流弧焊电源和晶闸管断续器两个部分组成。晶闸管断续器在脉冲弧焊电源中所起的作用,从本质上说相当于开关。正是依靠这种开关作用,把直流弧焊电源供给的连续直流电流,切断变为周期性间断的脉冲电流。

> **想一想** 晶闸管式脉冲弧焊电源与晶闸管式弧焊整流器有什么区别?

下面以晶闸管断续器式脉冲弧焊电源为例加以介绍。

能力知识点　晶闸管断续器式脉冲弧焊电源基本原理、种类及特点

晶闸管断续器式脉冲弧焊电源一般由普通直流弧焊电源、基本电流电源和晶闸管断续器组成,如图 4-7 所示。晶闸管断续器在电路中起电子开关的作用,把直流弧焊电源提供的直流电流变为周期性脉冲电流。

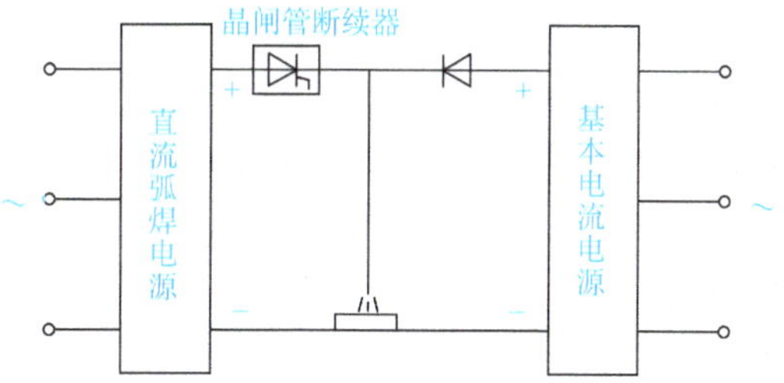

晶闸管断续器可分为交流断续器和直流断续器两类,相应地也把晶闸管式脉冲弧焊电源分为交流断续器式和直流断续器式两种。

1. 交流断续器式脉冲弧焊电源

这种脉冲弧焊电源是在普通弧焊整流器的交流回路中,即主变压器的一次侧或二次侧电路中串联晶闸管交流断续器,通过晶闸管交流断续器周期性地导通与关断获得脉冲电流。晶闸管交流断续器能保证在电流过零时自行可靠地关断,因而工作稳定、可靠。但是它也存在一些缺点,例如输出脉冲电流波形的内脉动(脉冲时间内脉冲电流的脉动)很大,施焊工艺效果不够理想,需用基本电流电源提供维弧电流。同时,由于晶闸管的触发相位受弧焊电源功率因数的限制,以致电源的功率得不到充分利用。

图 4-7　晶闸管式脉冲弧焊电源示意图

2. 直流断续器式脉冲弧焊电源

直流断续器式脉冲弧焊电源的直流断续器接在脉冲电流电源的直流侧,起开关作用。按一定周期触发和关断晶闸管,就可获得近似矩形波的脉冲电流,其内脉动大小与直流弧焊电源的种类有关。这种脉冲弧焊电源的电流通断容量可达数百安培,频率调节范围广,电流波形近似矩形而对焊接有利,焊接工艺效果较好,可在较高频率下工作以及能较精确地控制熔滴过渡。

这种采用直流断续器的脉冲弧焊电源,在非熔化极氩弧焊、熔化极氩弧焊、等离子弧

焊、微束等离子弧焊以及全位置窄间隙焊中都得到了较为广泛的应用。

晶闸管直流断续器式脉冲弧焊电源，按供电方式不同可分为单电源式和双电源式两种，下面分别介绍。

（1）单电源式　这种脉冲弧焊电源主要由直流弧焊电源、晶闸管直流断续器 VT、电阻箱 RP 组成，如图 4-8 所示。基本电流和脉冲电流都由直流弧焊电源提供，但电流的流通路径不同。基本电流通过 RP 流出，而脉冲电流则通过直流断续器 VT 流出。当 VT 断开（即晶闸管关断）时，电源通过 RP 提供基本电流；当 VT 闭合（即晶闸管导通）时，RP 被短路，电源通过 VT 提供脉冲电流。改变 VT 断开和闭合的时刻，即可调节脉冲频率和脉宽比；改变直流弧焊电源的输出和 RP 的大小，可调节基本电流的大小和脉冲电流的幅值。

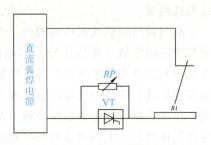

图 4-8　单电源式脉冲弧焊电源示意图

单电源式脉冲弧焊电源具有结构简单、电源利用率高和成本低等优点。但它是利用电阻限流来提供基本电流的，工作中电能损耗较大，且不利于基本电流和脉冲电流的分别调节。

（2）双电源式　这种弧焊电源与单电源式的主要差别是采用两个电源供电，其电路如图 4-9 所示。它由并联工作的两个电源供电。基本电流由一台额定电流较小的直流电源供电，脉冲电流则由另一台额定电流较大的直流电源供电。晶闸管直流断续器与脉冲电流的供电电路串联，控制脉冲电流的通与断。

这种脉冲弧焊电源由于采用双电源供电，基本电流和脉冲电流可以分别调节，可调参数多，小电流时电弧也较稳定，但它的结构复杂，电源利用率低，故较少采用。

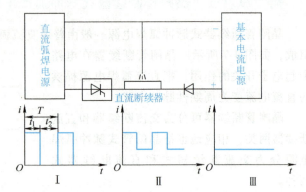

图 4-9　双电源式脉冲弧焊电源示意图

Ⅰ—脉冲电流波形　Ⅱ—焊接电流波形　Ⅲ—基本电流波形

【综合训练】

一、简答题

1. 晶闸管式脉冲弧焊电源有什么特点？常见种类有哪些？
2. 晶闸管脉冲弧焊电源的电路主要由哪几部分组成？各部分的主要作用是什么？
3. 单电源式和双电源式晶闸管脉冲弧焊电源各有什么特点？
4. 晶闸管在脉冲弧焊电源主电路中主要起什么作用？起类似作用的元器件还有哪些？

二、实践部分

采用晶闸管直流断续器式脉冲弧焊电源，实施非熔化极氩弧焊、熔化极氩弧焊等焊接操作，在老师的指导下学会晶闸管直流断续器式脉冲弧焊电源的安装、调试以及脉冲电流的调节。

综合知识模块5　晶体管式脉冲弧焊电源

晶体管式脉冲弧焊电源是20世纪70年代后期发展起来的一种弧焊电源。它的主要特点是在主电路中串联大功率晶体管组，起到线性放大器或电子开关的作用，依靠多种电子控制电路进行各种闭环控制，从而获得不同的外特性和输出电流波形。

晶体管式脉冲弧焊电源的基本工作原理如图4-10所示。这种电源由变压器TC降压，再经整流器UR整流，然后在直流主电路中串联大功率晶体管组V。从本质上来说，大功率晶体管组在主电路中既可以起到线性放大器的作用，也可以起到电子开关的作用。根据晶体管组的工作方式不同，常把前者称为模拟式晶体管脉冲弧焊电源，后者称为开关式晶体管脉冲弧焊电源。

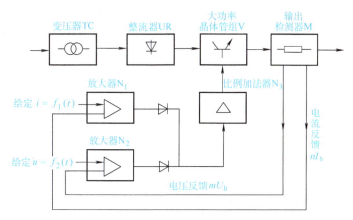

图4-10　晶体管式脉冲弧焊电源基本工作原理图

> **资料卡**
>
> 晶体管的种类很多，按工作频率分为高频管、低频管；按耗散功率分为大功率管、中功率管、小功率管；按半导体材料分为硅管和锗管等。
>
> 晶体管是由两个PN结构成的双极型半导体器件，有NPN和PNP两种管型，其主要功能是用较小的基极电流控制较大的集电极电流。
>
> 晶体管的符号用V表示。

晶体管弧焊电源的控制电路，从主电路中的输出检测器M中取出反馈信号（包括电压反馈信号mU_h和电流反馈信号nI_h），与给定值信号$i=f_1(t)$和$u=f_2(t)$分别在N_1、N_2比较放大后得出控制信号，经比例加法器N_3综合放大后，输入控制晶体管组V的基极，从而可以获得所需的外特性。

晶体管弧焊电源的上述两种形式，既可以输出平稳的直流电压、电流，也可以输出脉冲电压、电流。但是输出的脉冲电压、电流更能体现它的优越性。因此，在实际应用中较多采用脉冲电压、电流输出。通常把这类弧焊电源称为脉冲晶体管弧焊电源。

能力知识点 1　模拟式晶体管脉冲弧焊电源

1. 主电路组成

如图 4-11 所示，它的主电路由三相变压器 TC、整流器 UR、滤波电容器 C、大功率晶体管组 V、分流器 RS 和分压电位器 RP 等组成。三相变压器将电源电压降至几十伏的交流电压后，经整流器 UR 整流、电容 C 滤波后得到所需直流空载电压。与主电路串联的晶体管组 V 工作在放大状态，起可变电阻的作用，以控制外特性形状、调节输出参数和电流波形。电容器组 C 除了滤波作用之外，主要是为输出脉冲电流时保证三相负担均衡。

2. 外特性控制

如图 4-11 所示，由指令器、运算放大器 $N_{1\sim3}$、积分器、分流器 RS 和分压电位器 RP 等组成反馈控制电路。它的主要作用是对大功率晶体管组 V 实现有电压、电流反馈的闭环控制，以控制外特性形状和调节输出。控制电路的工作，实际上是把反馈信号（mU_h 和 nI_h）与指令器给出的给定值信号（U_g 和 I_g）进行比较放大后，输出控制信号去控制晶体管组 V。

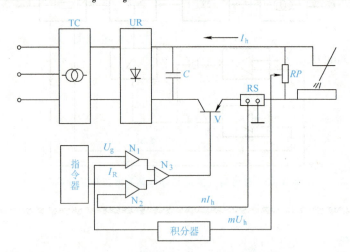

图 4-11　模拟式晶体管脉冲弧焊电源基本原理图

如果控制电路只引入电压反馈 mU_h，则反馈信号 mU_h 与给定电压信号 U_g 被送入 N_1 相比较放大，并将其差值（U_g-mU_h）信号再送入 N_3 放大，放大后的信号加在主电路的大功率晶体管组 V 上。这样，就相当于一个电压"有差自动调节系统"，其输出电压为

$$U_h = K(U_g - mU_h) \tag{4-1}$$

式中　U_h——输出电压（V）；
　　　U_g——给定电压（V）；
　　　K——系统总电压放大倍数；
　　　m——电压采样比例系数（分压比）。

由式（4-1）可推导出

$$U_h = \frac{K}{1+Km}U_g$$

由于系统的总放大倍数足够大，即 $K \gg 1$，所以

$$U_h \approx \frac{U_g}{m} \tag{4-2}$$

可见，输出电压 U_h 与给定电压 U_g 和电压采样比例系数 m 有关。当 m 调定时，输出电压只取决于给定电压 U_g 的大小，而与其他因素无关。当 U_g 不变时，U_h 恒定，电源输出为平（恒压）特性，如图4-12中的曲线1所示；改变 U_g，则曲线上、下平移，可调节输出电压的大小。U_g 调定，改变 m 也可调节电压大小。

同理，当控制电路只引入电流反馈时，电流反馈信号 nI_h 与电流给定信号 I_g 在 N_2 中进行比较、放大，再经 N_3 放大后输出信号去控制晶体管组 V。由于系统放大倍数 $K \gg 1$，则推导出

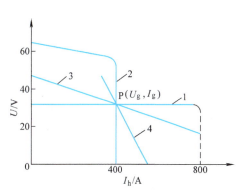

图4-12 模拟式晶体管脉冲弧焊电源的外特性

$$I_h \approx \frac{I_g}{n} \tag{4-3}$$

式中　I_h——输出电流（A）；
　　　I_g——给定电流（A）；
　　　n——电流采样比例系数。

由此可见，输出电流 I_h 取决于 I_g 和 n 值的大小。当 n 调定时，输出电流 I_h 只决定于 I_g，而与其他因素无关。当 I_g 调定时，输出电流恒定不变，外特性为恒流特性（垂直下降），如图4-12中的曲线2所示。如果减小 I_g，曲线左移，从而使输出电流随 I_g 减小；增大 I_g，则曲线右移，输出电流增大。同理，改变 n 也可调节输出电流。

如果同时引入电压和电流反馈，外特性则介于上述两者之间，为下降的外特性。下降的斜率为

$$\frac{dU_h}{dI_h} = -\frac{K_2 n}{K_1 m} \tag{4-4}$$

即电流外特性的斜率由 n/m 和 K_2/K_1 决定，改变 n/m 和 K_2/K_1 的比值，均可获得任意斜率的外特性，如图4-12中的曲线3、4所示。如果调节 U_g、I_g 的大小，就可调节输出参数（式中，K_2、K_1 为放大器 N_1、N_2 的放大倍数）。

综上所述，对 K_2、K_1 进行适当控制，就可获得任意形状的外特性，能适应多种焊接工艺的需要。

3. 焊接电流波形的控制

晶体管反应灵敏，便于精确控制，通过它可获得各种输出电流波形。晶体管的输出量受控于控制电路中指令器给定的 I_g、U_g，给定值的波形就决定了大功率晶体管组基极电流的波形，从而可获得与其相同波形的输出电流波形。除可获得平稳的直流电流外，还可获得多种形状的波形，如图4-13所示。

4. 特点及产品介绍

（1）特点　模拟式晶体管脉冲弧焊电源具有如下优点：

1）这类脉冲电源实质上是一个带反馈的大功率放大器，可以在很宽的频带内获得任意

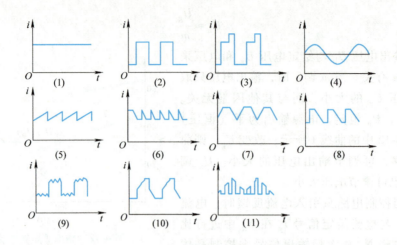

图 4-13　模拟式脉冲弧焊电源电流波形图

波形的输出脉冲电流。

2) 控制灵活，调节精度高，对微机控制的适应性较好。

3) 通过电子控制电路控制 di/dt 的数值，可以获得十分理想的动特性，减小飞溅。

4) 电源外特性可任意调节，因而适应范围广。

这类弧焊电源的主要缺点是功耗大，它的晶体管会消耗 40% 以上的电能，这是因为晶体管工作在模拟状态，管压降大所致。这既浪费电能，也使晶体管的散热系统较为复杂，因而其应用受到一定限制。

（2）产品介绍　下面以 NJGC-150 型为例加以介绍。这是一种较简单的平特性 CO_2 气体保护焊电源，容量较小，额定电流为 150A，电弧电压调节范围 17~23V。电路原理如图 4-14 所示。由图可知，电路主要由主变压器 TC，三相整流桥 UR_1、晶体管组 V_1、输出电抗器 L、以及 V_6、V_7 组成的差动放大器、反馈电路等组成。

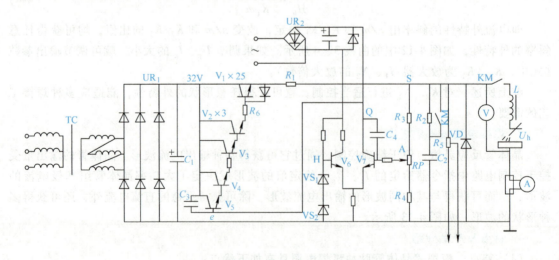

图 4-14　NJGC-150 型模拟式晶体管脉冲弧焊电源原理图

能力知识点 2　开关式晶体管脉冲弧焊电源

1. 基本原理和特点

由于模拟式晶体管脉冲弧焊电源的大功率晶体管组工作在放大状态，因而功耗大，效率低。为解决这一问题，可使晶体管组工作在开关状态，这就出现了开关式晶体管脉冲弧焊电源。

图 4-15 所示为开关式晶体管脉冲弧焊电源原理框图，它的晶体管组 V 工作在开关状态。当它"开"（饱和导通）时，输出电流很大，管压降近似为零，当它"关"（截止）时，管压降高而输出电流近似为零。两种状态下晶体管的功耗都很小，因而效率高，能更好地满足工业生产的要求。但是，这种晶体管电源为保证电弧电流连续，必须附加滤波电路（常由电感和续流二极管组成）。开关的频率大于 10kHz，甚至高于 20kHz。

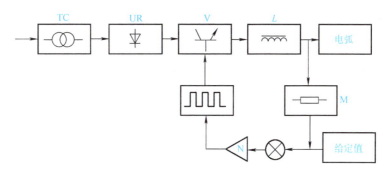

图 4-15　开关式晶体管弧焊电源原理框图

开关式晶体管脉冲弧焊电源的外特性控制和焊接参数调节，一般是在脉冲频率一定的条件下通过改变脉冲占空比来实现的，即通过引入电压和电流的反馈来控制脉冲占空比，以获得任意斜率的外特性。通过脉冲调制，也可获得低频脉冲输出。

开关式晶体管脉冲弧焊电源有如下特点：

1）大功率晶体管组工作在开关状态，功耗小，效率高，而且单位电流用晶体管少，造价低。

2）开关频率为 10~30kHz，在工作过程中频率不变，通过调节脉冲占空比来控制参数和获得所需外特性。滤波环节时间常数不宜太大，否则会降低动态性能。

3）通过脉冲调制可获得低频脉冲电流，但受晶体管开关频率的限制，调节范围较小，且有较大内脉动。

2. 开关式晶体管脉冲弧焊电源的种类

开关式晶体管脉冲弧焊电源按开关频率的给定方式，可分为指令式和电流截止反馈式两种。

（1）指令式　这类晶体管脉冲弧焊电源的开关频率由指令器给定。弧焊电源主电路如图 4-16 所示，它由变压器 TC、整流器 UR、滤波电容 C、开关晶体管组 V 以及分流器 RS 等组成。交流电压经输入变压器降压，整流器整流及电容滤波后，得到恒定直流电压（见波形①、②）。由指令器经电子控制电路放大后提供给晶体管组，作为开关信号。经晶体管组开关控制后输出脉冲直流电（见波形③），脉冲频率约为 20kHz。开关频率由给定值决定，而脉冲占空比则受反馈信号（包括 nI_h、mU_h）控制，输出电压（电流）平均值大小由占空比来调节。当长脉冲短间歇时，则为高电压（大电流）；而短脉冲长间歇时，则为低电压（小电流），如图 4-17 所示。只引入电压反馈（mU_h），使占空比不受外界其他因素影响，则可获得平的外特性。同时引入电流反馈（nI_h），使占空比随输出电流变化而变化，则可以获得任意斜率的外特性。但由于大功率晶体管难以完全截止，故实际上总有较小的微弧电流通过。

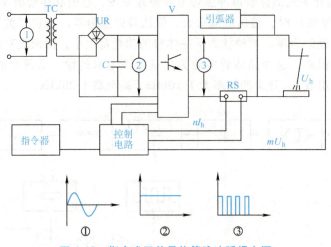

图 4-16　指令式开关晶体管脉冲弧焊电源

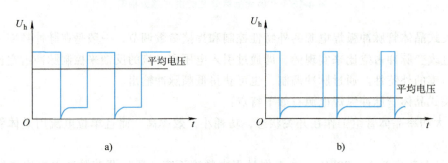

图 4-17　开关式晶体管脉冲弧焊电源输出电压波形图
a) 高电压输出　b) 低电压输出

（2）电流截止反馈式　电流截止反馈式开关晶体管脉冲弧焊电源原理如图 4-18 所示。这类晶体管脉冲弧焊电源由三相变压器 TC 将交流电网电压降低，经整流器 UR 和滤波电容 C_1 后成为几十伏的平稳直流电压，再经开关晶体管组 V_5 的开关控制后输出矩形脉冲直流电压。该电路工作时，驱动管 V_4 的基极受运算放大器 N 控制。N 接成正反馈，工作在继电器状态。阈值电压 $U_e = \alpha U_A$，$\alpha = R_1/(R_1+R_2)$ 为反馈系数。它能自动翻转，其过程如下：

当 N 输出电压 U_A 为负时，$V_{1\sim3}$ 都截止，V_4 承受 -8V 偏压，焊接电路的大功率晶体管组 V_5 关断。当 N 输出 U_A 为正时，$V_{1\sim3}$ 都饱和导通，V_4、V_5 也饱和导通，此时，焊接电路电流很大。电流反馈信号 U_i 经电感滤波后送入 N 的反相输入端，与给定电压 U_g 比较。当 $(U_g - U_i) > -U_e$ 时，N 反转，U_A 变负，焊接电路又关断，电流下降。这种当反馈信号超过一定值时才起作用的电路就是电流截止反馈电路。

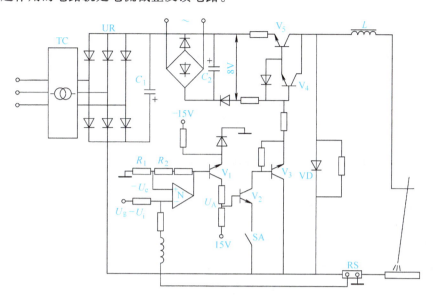

图4-18 电流截止反馈式开关晶体管脉冲弧焊电源原理图

当焊接电路的大功率管 V_5 关断后,电流反馈信号 U_i 经过一定时间延时后又要下降,到 $(U_g-U_i)<-U_e$ 时,U_A 又反转为正电压输出,焊接电路又接通,如此振荡不已。由此可见,V_5 的振荡频率完全取决于电流反馈电路的时间常数,一般为 10~20kHz。焊接电流平均值由给定值 U_g 所决定,电源外特性为恒流特性。

它的焊接主电路还有滤波电抗器 L 和续流二极管 VD,使 V_5 关断时电流不过零点,有维弧电流,并能防止过电压损坏大功率晶体管。此外,这类弧焊电源还有高压引弧电路,控制电路还可以设电流衰减装置,以便填满弧坑。

这类弧焊电源还可以对给定值 U_g 进行低频脉冲调制,此时 U_g 应有两个给定值:一为脉冲给定值,二为维弧给定值。可用灵敏的时间继电器进行切换,以获得低频脉冲电流。脉冲周期一般为 0.2~2s。

【综合训练】

一、填空题(将正确答案填在横线上)

1. 晶体管式脉冲弧焊电源按工作原理可分为_____和_____控制两大类。
2. 模拟式晶体管脉冲弧焊电源有两个反馈电路,即_____负反馈和_____负反馈电路。
3. 当晶体管关断时,不致因电路中的电流突然变零而产生高压电损坏晶体管,所以开关式晶体管脉冲弧焊电源的主电路中还必须设置_____。

二、判断题(在题末括号内,对的画"√",错的画"×")

1. 模拟式晶体管脉冲弧焊电源焊机制造完成后,电流采样比例系数是固定不变的,所以输出电流只取决于给定值。   (   )

2. 模拟式晶体管脉冲弧焊电源，只要接通电弧电压负反馈电路，就可以获得恒压外特性。（ ）

3. 开关式晶体管脉冲弧焊电源的输出电流大小是靠改变开关脉冲的占空比，即改变三相管饱和导通的时间在整个周期中占的比例来实现的。（ ）

4. 在输出电路中加电容器，可使开关式晶体管脉冲弧焊电源输出的电流平稳。（ ）

三、选择题（将正确答案的序号写在横线上）

1. 模拟式晶体管脉冲弧焊电源用作焊条电弧焊电源时，则需要_____工作。

　　A. 电流负反馈电路　　　　　　　　　　B. 电压负反馈电路

　　C. 电流负反馈和电压负反馈两个电路同时　　D. 调压电路

2. NBC-160 焊机是_____焊机。

　　A. TIG 焊　　　　B. MIG 焊　　　　C. CO_2 气体保护焊　　　　D. 埋弧焊

四、简答题

1. 晶体管式脉冲弧焊电源有什么特点？
2. 模拟式和开关式晶体管脉冲弧焊电源的主要区别是什么？
3. 晶体管式脉冲弧焊电源的外特性是怎样控制的？
4. 模拟式晶体管脉冲弧焊电源是怎样获得脉冲电流的？
5. 开关式晶体管脉冲弧焊电源的输出电流原来就是脉冲形式，为什么还要进行低频脉冲调制？

单元小结

1) 脉冲弧焊电源与一般弧焊电源的主要区别就在于所提供的焊接电流是周期性脉冲式的，包括基本电流（维弧电流）和脉冲电流。目前脉冲弧焊电源主要用于气体保护焊和等离子弧焊。

2) 脉冲电流获得方法有如下四种：

① 利用硅二极管的整流作用获得脉冲电流。

② 利用电子开关获得脉冲电流。

③ 利用阻抗变换获得脉冲电流。

④ 利用给定信号变换和电流截止反馈获得脉冲电流。

3) 脉冲弧焊电源按获得脉冲电流所用的主要器件不同可分为：

① 单相整流式脉冲弧焊电源。

② 磁饱和电抗器式脉冲弧焊电源。

③ 晶闸管式脉冲弧焊电源。

④ 晶体管式脉冲弧焊电源。

4) 单相整流式脉冲弧焊电源是采用单相整流电路提供脉冲电流。常见的有并联式、差接式和阻抗不平衡式三种。

并联式脉冲弧焊电源结构简单，基本电流和脉冲电流可以分别调节，使用方便可靠，成本低。但是它的可调参数不多且会相互影响，所以它只适合于一般要求的脉冲弧焊工艺。一般采用陡降特性的弧焊电源来提供基本电流，用平特性的整流器来提供脉冲电流。

差接式脉冲弧焊电源的两个电源都采用平特性。用于等速送丝熔化极脉冲弧焊时，具有电弧稳定、使用和调节方便的特点，但制造较复杂，专用性较强。

阻抗不平衡式脉冲弧焊电源具有使用简单可靠的特点，但脉冲频率和宽度不可调节，应用范围受到一定限制。

5) 磁饱和电抗器式脉冲弧焊电源是利用特殊结构的磁饱和电抗器来获得脉冲电流的。

阻抗不平衡型磁饱电抗器式脉冲弧焊电源是使三相磁饱和电抗器中某一相的交流感抗增大或减小，引起输出电流有一相不同于另两相，从而获得周期性脉冲输出电流。

脉冲励磁型磁饱和电抗器式脉冲弧焊电源的主电路与普通磁饱和电抗器式弧焊整流器相同，但它的励磁电流 I_K 不是稳定的直流电流，而采用了周期性变化的脉冲电流，使 I_h 随着 I_K 的周期性变化而变化，从而获得周期性的脉冲焊接电流 I_h。

6) 晶闸管式脉冲弧焊电源按获得脉冲电流的方式不同，分为晶闸管给定值式和晶闸管断续器式两类。前者的脉冲式给定电压为高幅值时，主电路将输出相应幅值的脉冲电流；当脉冲式给定电压为低幅值时，主电路则输出与其相应的基本电流。晶闸管断续器式脉冲弧焊电源，主要由直流弧焊电源和晶闸管断续器两个部分组成。晶闸管断续器在脉冲弧焊电源中所起的作用，从本质上说相当于开关。正是依靠这种开关作用，把直流弧焊电源供给的连续直流电流切断变为周期性间断的脉冲电流。

7) 晶体管式脉冲弧焊电源的主要特点是，在变压、整流后的直流输出端串联大功率晶体管组。这种弧焊电源是依靠大功率晶体管组、电子控制电路与不同的闭环控制相配合，从而获得不同的外特性和输出电流波形。

实质上，大功率晶体管组在主电路中起着两种作用：一是起到线性放大调节器（即可变电阻）的作用；二是起着电子开关的作用。根据晶体管组的工作方式不同，常把前者称为模拟式晶体管脉冲弧焊电源，后者则称为开关式晶体管脉冲弧焊电源。

[焊接工匠]

唐成凤，四川川锅锅炉有限责任公司焊接培训中心教师，焊工高级技师。自 2011 年以来，多次获得省市焊接技能大赛第一名，获"成都工匠"、成都市技能标兵、四川省五一劳动奖章、全国五一劳动奖章、全国优秀农民工等荣誉称号。2020 年 11 月，被评为全国劳动模范。

全国劳动模范唐成凤：坚持热爱 绽放人生光彩

唐成凤的"焊花"之路始于 2007 年 7 月，她不仅是焊接行业里少有的女性工作者，更

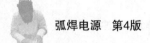

是行业的佼佼者。凭借着敬业奉献、精益求精的工匠精神和精湛技术，她获得过许多奖项：全国五一巾帼标兵、全国五一劳动奖章、全国劳动模范……一项项殊荣的背后，是这位长相秀气的姑娘为之付出的艰辛与汗水。

作为一名在焊接行业为数不多的女电焊工，唐成凤付出了较常人更多的努力和心血。无论严寒还是酷暑，她都会穿着厚实的防护服奋战在工地上，脸部被面罩盖住，头上戴着安全帽，手上是牛皮手套，站在流水线上，重复着相同的工作。厂房内电焊声音嘈杂，焊接时火花四溅，不小心溅到身上，就会留下疤痕。半年后，唐成凤考取了锅炉压力容器、压力管道焊工合格证，很快成为班组生产骨干。

一次，车间生产的小集箱经 X 射线检测显示，其环缝焊缝根部熔合不良，为不合格产品，这个失误导致生产停滞。唐成凤接到任务后，马上赶到现场，经过 10 多个小时的仔细分析和研究，终于找出了症结，再用不同常规的高难度操作手法，解决了这一生产难题，为厂里挽回了损失。由于技能出众，她被任命为集箱焊接组长，成为集箱分厂年轻的焊接组长。

在公司承制的亚洲最大的 750t/d 生物质余热锅炉焊接生产中，由于该余热锅炉的集箱最大长度达 16.234m，存在管接头数量多、装焊密封钢板销钉制造难度大、焊接易变形等特点，唐成凤召集组员、工艺员一起商讨对策，制定出详细的施焊规程，使得最终焊后变形较小，焊缝探伤一次合格率达到 99.99%，圆满完成了任务。

一花独放不是春，百花齐放春满园。作为公司电焊班组的高级技师，唐成凤总是身先士卒，带领团队出色完成各项生产任务，在干好本职工作的同时，还认真做好传帮带工作，把自己的工作经验、教训传授给新同事，积极指导其他焊工和徒弟，让他们能尽快提高焊接技能。她所带班组已经成为分厂的生产骨干班组，成为担当公司急、难、险、重任务的"主力军"。2019 年 9 月，唐成凤从一线技工转变为该公司的技能教师。之后的近两年时间里，她培养了 200 多焊接工人。

"除了技术教学，我真正想传播的是电焊工的精神，要对每一个焊接产品、每一条焊缝负责，对工地工人的生命安全负责。"近年来，唐成凤除了任职技能教师，还受邀加入了四川省劳模工匠宣讲团，在四川全省各地巡回宣讲，激发广大职工的劳动热情和创造潜能，为推动成渝地区双城经济圈建设贡献智慧和力量。

唐成凤为提高焊接技术，积极努力钻研，用自身行动诠释了不忘初心的铮铮誓言。人们常说"女人如花"，但她却说："我愿拿着焊枪，在工作中绽放焊花，踏踏实实工作，做好工作和生活中的每一件事。"

第5单元

新型弧焊电源

【学习目标】

1) 熟悉弧焊逆变器的基本组成、基本原理,了解什么是逆变主电路及控制电路并了解其外特性及调节特性的获得方法,以及了解弧焊逆变器的特点、分类及应用。

2) 掌握各种常用弧焊逆变器主要组成、基本原理和输出电气特性,特别是要重点掌握晶闸管式、晶体管式、场效应管式及IGBT式等弧焊逆变器的特点及典型产品和应用。

3) 掌握数字化焊接电源的概念、内涵,了解数字化焊接电源的典型产品。

综合知识模块1　弧焊逆变器

从直流到交流的变换称为逆变,实现这种变换的装置称为逆变器。为焊接电弧提供电能,并具有弧焊方法所要求性能的逆变器,即为弧焊逆变器。

自20世纪70年代初以来,随着大功率电子元器件和集成电路技术的发展,先进的中频逆变技术迅速推广、应用。它从被应用于中频加热、稳压电源及电化学加工,发展到被应用于电弧焊接、电阻焊接和电子束焊接等。第一台晶闸管式弧焊逆变器于1978年问世,1981年又出现了晶体管式弧焊逆变器。1982年我国学者在实验室首先初步研制成功了场效应管式弧焊逆变器。1989年在埃森世界焊接与切割博览会上,展出了IGBT式弧焊逆变器。由于逆变式弧焊电源具有节省材料和电能等突出优点,现在各种类型的弧焊逆变器已相继研制成功,并逐

图 5-1　弧焊逆变器的典型产品

步应用于各种弧焊方法,因此,弧焊逆变器是一种很有发展前途的新型弧焊电源。图 5-1 所示为弧焊逆变器的典型产品。

能力知识点 1　弧焊逆变器的基本知识

1. 弧焊逆变器的组成及作用

弧焊逆变器的基本组成框图如图 5-2 所示。它的主要组成及其作用如下。

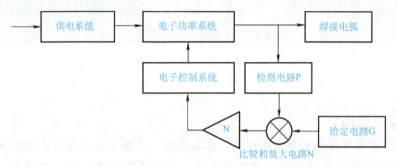

图 5-2　弧焊逆变器的基本组成框图

(1) 主电路　主电路由供电系统、电子功率系统和焊接电弧等组成。

1) 供电系统：它把工频交流电经整流器 UR 变换为直流电供给电子功率系统（逆变器）。此外，供电系统还通过变压、整流、滤波及稳压系统为电子控制系统提供所需的各组不同大小的直流稳压电源。

2) 电子功率系统：它是弧焊逆变器 UI 的逆变器主电路，起着开关、变换电参数（电压、电流及波形）的作用，并以低电压大电流向焊接电弧提供所需的电气性能和工艺参数。必须指出，电子功率系统本身并不能焊接，必须与电子控制系统结合起来才能焊接。也就是说，只有两者的结合才能对焊接电弧提供所需的电气性能和焊接参数。

(2) 电子控制系统　该系统对电子功率系统提供足够大的、按电弧所需变化规律的开关脉冲信号，驱动逆变主电路的工作。确切地说，它用于产生焊接电弧所需的外特性和动特性，其主要组成是静态单元和动态单元。电子控制系统往往包括驱动电路。

(3) 反馈给定系统　该系统由检测电路 P、给定电路 G、比较和放大电路 N 等组成。检测电路 P 主要用于提取电弧电压和电流的反馈信号；给定电路 G 用于提供给定信号，决定对电弧提供焊接参数的大小；比较和放大电路 N 用于把反馈信号与给定信号比较后进行放大，与电子控制系统一起，实现对弧焊逆变器的闭环控制，并使它获得所需的外特性和动特性。

2. 弧焊逆变器的基本工作原理

弧焊逆变器的基本工作原理如图 5-3 所示。

在供电系统中，单相或三相交流电网电压经输入整流器 UR_1 整流和滤波器 L_1C_1 滤波后获得逆变器 UI 所需的平滑直流电压。该直流电压在电子功率系统中经逆变器的大功率开关器件（晶闸管、晶体管、场效应晶体管或 IGBT）组 Q 的交替开关作用，变成几千至几万赫兹的高压中频交流电，再经中频变压器 T 降至适合于焊接的低压中频交流电，并借助于电子控制系统的控制驱动电路和给定反馈电路（P、G、N 等组成）及焊接电路的阻抗，获得

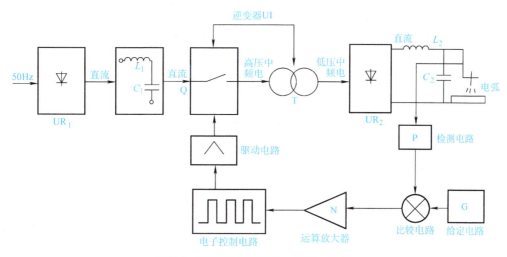

图 5-3 弧焊逆变器基本工作原理框图

焊接工艺所需的外特性和动特性。如果需要采用直流电进行焊接,还需经整流器 UR_2 整流和 L_2C_2 的滤波,把中频交流电变成稳定的直流输出。

弧焊逆变器主电路的基本工作原理,可以归纳为:工频交流电(AC)→直流电(DC)→高、中频交流电(AC)→降压→交流电(AC)并再次变成直流电(DC),必要时再把直流变成矩形波交流电(AC)。

因而在弧焊逆变器中可采用三种逆变体制:
1) AC→DC→AC。
2) AC→DC→AC→DC。
3) AC→DC→AC→DC→AC(矩形波)。

小知识 中频变压器工作在 2~30kHz 或更高的频率,传递的是矩形交替脉冲。其主要作用是电压变换(降压)、功率传递和实现输入、输出之间的隔离。

目前常采用的是第二种逆变体制,在国外常把它称为弧焊整流器、逆变式弧焊整流器或逆变式弧焊电源。第三种逆变体制也有不少应用,主要用在铝合金的焊接,由于它最终输出的是矩形波交流电,故被称为逆变式矩形波交流弧焊电源或矩形波交流弧焊逆变器。

3. 弧焊逆变器的外特性及焊接参数调节

(1)弧焊逆变器的外特性 根据各种弧焊工艺方法的要求,通过电子控制电路和电弧电压反馈、电弧电流反馈,弧焊逆变器可以获得各种形状的外特性,如图 5-4 所示。图 5-4a、b 所示的外特性用于焊条电弧焊;图 5-4c 所示的外特性用于 TIG 焊;图 5-4d 所示的外特性用于

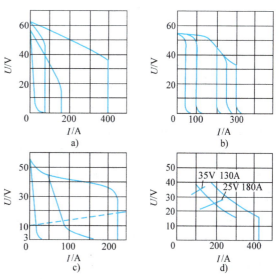

图 5-4 弧焊逆变器常用的几种外特性

MIG/MAG 焊。

（2）弧焊逆变器的焊接参数调节　弧焊逆变器的焊接参数调节方法大致有以下三种。

1）定脉宽调频率。这种方法的脉冲电压宽度不变，通过改变逆变器的开关频率来调节参数大小。开关频率越高，输出电压就越大。通常晶闸管式弧焊逆变器就是采用这种调节焊接参数方法的。

2）定频率调脉宽。这种方法的脉冲电流频率不变，通过改变逆变器开关脉冲的脉宽比来调节焊接参数。脉宽比越大，则工作电流也越大。晶体管式、场效应管式弧焊逆变器都适于采用这种焊接参数调节方法。

3）混合调节。这种方法是调频率和调脉宽相结合的调节方式。

4. 弧焊逆变器的特点、分类及应用

（1）弧焊逆变器的特点　弧焊逆变器与弧焊变压器、弧焊发电机、弧焊整流器等传统弧焊电源的主要技术指标比较见表 5-1。

表 5-1　弧焊逆变器与传统弧焊电源主要技术指标比较

弧焊电源类型	电源电压/V	空载电压/V	输出电流/A	负载持续率	效率	功率因数	质量/kg	外形尺寸/（mm×mm×mm）
弧焊发电机 AX-320	380（三相）	50~80	320	0.50	0.53	0.87	530	1195×600×992
硅弧焊整流器 ZXG7-300-1	380（三相）	72	300	0.60	0.68	0.65	200	410×600×790
弧焊变压器 BX3-300	380	65~70	300	0.60	0.83	0.53	190	520×525×800
晶闸管弧焊逆变器 CAAYWELD350	380（三相）	50	350	0.60	0.83	0.95	37	570×265×410
晶体管弧焊逆变器 US220AT	220	负载55	220	0.60	0.81	0.99	25	350×550×365
场效应管弧焊逆变器 NZC6-315	380（三相）	63	315	0.60	0.88	—	29	290×350×560
IGBT 式弧焊逆变器 ZX7-315	380（三相）	—	315	0.60	0.85	—	32	475×295×410
IGBT 式弧焊逆变器 MZ-1250	380（三相）	84	1250	0.60	0.89	0.94	130	760×445×910

由表 5-1 可归纳出弧焊逆变器有如下特点。

1）高效节能。弧焊逆变器由于体积小，铜耗和铁耗随耗用材料的减少而大为降低，无功功率减少，因此效率高，可达 80%~95%，功率因数可提高到 0.99，空载损耗极小，比传统弧焊电源节电 1/3 以上。

2）体积小、质量小。弧焊逆变器的中频变压器的质量仅为传统弧焊电源降压变压器的几十分之一；整机质量仅为传统弧焊电源的 1/10~1/5；整机体积也只有传统弧焊电源的 1/3 左右。

3）具有良好的动特性和弧焊工艺性能。弧焊逆变器采用电子控制电路，可以根据不同的焊接工艺要求设计出合适的外特性，并保证具有良好的动特性，从而可进行各种位置的焊接，获得良好的焊接工艺性能。

4）弧焊逆变器可用微机或单旋钮控制调节焊接参数。

5）弧焊逆变器设备费用较低，但对制造技术要求较高。

（2）弧焊逆变器的分类　弧焊逆变器可从不同的角度进行分类，一般有下述几种分类方法。

1）按大功率开关器件进行分类 $\begin{cases} 晶闸管式弧焊逆变器。\\ 晶体管式弧焊逆变器。\\ 场效应晶体管式弧焊逆变器。\\ IGBT式弧焊逆变器。\end{cases}$

2）按输出电流分类 $\begin{cases} 直流式弧焊逆变器。\\ 脉冲式弧焊逆变器。\\ 矩形波交流弧焊逆变器。\end{cases}$

3）按输出外特性形状分类 $\begin{cases} 恒流特性弧焊逆变器。\\ 恒压特性弧焊逆变器。\\ 缓降特性（含恒流带外拖）弧焊逆变器。\\ 多特性弧焊逆变器。\end{cases}$

上述分类方法中，按大功率开关器件进行分类是目前常用的一种分类方法。

（3）弧焊逆变器的应用　弧焊逆变器由于具有优良的电气性能和良好的控制性能，容易获得多种形状的外特性曲线和不同种类的电弧电压、电流波形（直流、脉冲、矩形波交流等），有良好的动特性，并能输出1000A以上的焊接电流，因此弧焊逆变器几乎可以取代现有的一切弧焊电源，可用于焊条电弧焊、TIG焊、MAG/CO_2/MIG/药芯焊丝焊、等离子弧焊与切割、埋弧焊、机器人焊接等各种焊接方法。同时，弧焊逆变器可用于焊接各种金属材料及其合金，特别适用于工作空间小、高空作业、需较多次移动焊机及用电紧缺等场合。

能力知识点2　晶闸管式弧焊逆变器

以快速晶闸管（SCR）为逆变主电路的大功率高压开关管，通过其触发角来控制的弧焊逆变器，称为晶闸管式弧焊逆变器。

晶闸管式弧焊逆变器出现于20世纪70年代，在20世纪80年代中期有了较大的发展，但到20世纪80年代后期逐渐被性能更佳的场效应管式、IGBT式弧焊逆变器所代替，因此晶闸管式弧焊逆变器逐渐减少，但目前在世界上仍有一定的地位。

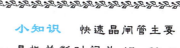

小知识　快速晶闸管主要是指关断时间为15~30μs的晶闸管，即KK型晶闸管，也包括KKG型高频晶闸管，后者的关断时间为5~15μs。

1. 组成及工作原理

晶闸管式弧焊逆变器的原理框图如图5-5所示。与图5-3所示基本相同，只是逆变器中的大功率开关器件为晶闸管。

弧焊逆变器的控制电路比较复杂，本书不作介绍。现以图5-6所示的晶闸管式弧焊逆变器主电路为例，介绍其主电路的组成与工作原理。

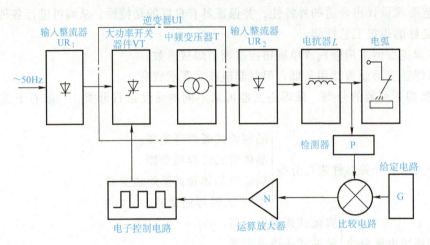

图 5-5　晶闸管式弧焊逆变器的原理框图

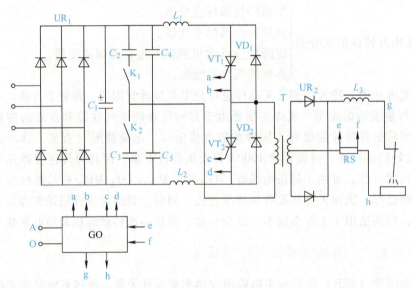

图 5-6　晶闸管式弧焊逆变器主电路

主电路由输入整流器 UR_1、逆变电路和输出整流器 UR_2 等组成。主电路的核心部分是逆变电路，它由晶闸管 VT_1、VT_2，中频变压器 T，电容 $C_2 \sim C_5$，电感线圈 L_1、L_2 等组成，这些元器件构成所谓"串联对称半桥式"逆变器。为便于讨论它的工作原理，可将其简化成图 5-7 所示的电路。

在图 5-7 所示电路中，当开关 SA_1（即 VT_1）闭合，而 SA_2（即 VT_2）断开时，电容 $C_{2,4}$ 的放电电流 i_1 走向为 $C_{2,4}^+ \to SA_1 \to T \to C_{2,4}^-$，电容 $C_{3,5}$ 的充电电流走向为 a（+）$\to SA_1 \to T \to C_{3,5}^+ \to C_{3,5}^- \to$ b（-），从而在中频变压器 T

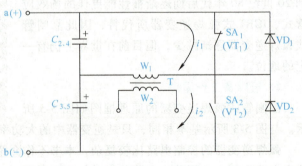

图 5-7　对称半桥式逆变器原理示意图

上形成正半波的电流 i_1。当 SA_2 闭合，SA_1 断开时，电容 $C_{3、5}$ 的放电电流 i_2 走向为 $C_{3、5}^+ \to T \to SA_2 \to C_{3、5}^-$，电容 $C_{2、4}$ 的充电电流走向为 a（+）$\to C_{2、4}^+ \to C_{2、4}^- \to T \to SA_2 \to$ b（-），从而在变压器 T 上形成负半波电流。这样 SA_1、SA_2 每交替闭合和断开一次，就在变压器 T 上产生一个周期的交流电，它们每秒钟通断的次数就决定了逆变器的工作频率，这就是所谓的"逆变调频"原理。通过这样的逆变，就将三相整流器 UR_1 整流后的直流电转换成 1~2kHz 或更高的中频交流电。然后经变压器 T 降压，UR_2 整流，从而得到稳定的直流输出。

2. 逆变主电路的形式

弧焊逆变器是工作在焊接电弧这样的特殊负载下，在焊接过程中焊接电流变化幅度大，频率高，特别是在空载起动、短路引弧和熔滴过渡时，弧焊逆变器处在"空载-短路-负载"等频繁变化的复杂状态，每秒钟内这种周期性变化达几十次以上，而逆变器本身的工作频率又有几千赫兹，因此，需对弧焊逆变器提出特殊的要求，且必须估计焊接方法、容量大小、直流输入电压和工作频率等各种参数来选择和设计逆变主电路。为了便于选用，这里着重列出几种逆变主电路的基本形式，如图 5-8 所示。图 5-8a 所示为串联不对称半桥式电路；图 5-8b、c 所示为串联对称半桥式电路；图 5-8d 所示为串联对称桥式电路；图 5-8e 所示为并联式全波电路；图 5-8f 所示为并联式麦克默里电路。以上形式的主电路基本工作原理都比较简单，可由读者自己分析。这里应当指出，对图 5-8e、f 所示的两种逆变主电路，由于晶闸管需承受两倍以上的直流电源反向电压，所以对晶闸管的耐压要求很高，选用时必须注意。

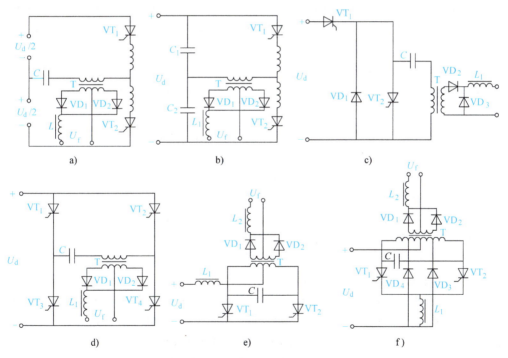

图 5-8　晶闸管式弧焊逆变器逆变主电路的基本形式

3. 外特性控制原理和焊接参数调节

晶闸管式弧焊逆变器的外特性形状是通过电流、电压负反馈与电子控制电路的配合以改变频率 f 来控制的。例如，从图 5-6 所示电路的分流器 RS 取电流负反馈信号送到电子控制电路，于是随着焊接电流的增大，使逆变器的工作频率迅速降低，从而获得恒流外特性。如果采用电压负反馈方式，则可得到恒压外特性。若按一定的比例取电流和电压反馈信号，便可得到一系列一定斜率的下降外特性，其外特性形状如图 5-4 所示。

晶闸管式弧焊逆变器是采用"定脉宽调频率"的调节方法来调节焊接参数的，即通过改变晶闸管的开关频率（逆变器的工作频率）来进行的。晶闸管的开关频率越高，电弧电流（或电压）越大。

这里应指出的是，逆变器的频率有两种参数。一种是由逆变器主电路的电感 L 和电容 C 决定的固有频率 f_0，在忽略主电路电阻时，有

$$f_0 = 1/(2\pi\sqrt{LC})$$

显然，f_0 越大，则逆变器脉冲周期越小。另一种频率参数是人为调节的逆变器工作频率 f，它由触发脉冲的频率决定。显然，f_0 应大于 f。

电流的均匀调节是通过改变逆变器的工作频率 f 来进行的。为了拓宽调节范围，可辅以分档粗调。例如在图 5-6 所示电路中，由继电器触点 K_1、K_2、将 C_2、C_3 断开，使电容量减小，可使 f_0 提高。这时可在高档范围内改变 f，使对应的焊接参数在大档范围均匀调节。当触点 K_1、K_2 闭合时，电容量增大，可使 f_0 降低。这时可在低档范围内改变 f，使对应的焊接参数在小档范围均匀调节。

为了让晶闸管安全可靠地工作，在空载状态时，电子控制电路使逆变器的工作频率 f 自动降至几赫兹，这样在引弧时采用的是小电流（弱规范），以免在短路接触引弧时出现过大的冲击电流。在焊接过程中，若短路时间超过 1s 或在产生断弧时，工作频率 f 也会自动降低。

为了在焊接过程中保持供给电弧的能量不变，可采用电压和电流反馈，通过自动改变开关频率来达到电弧功率恒定。因而，在弧长变化时，控制电路可保证供给电弧的能量不变。

4. 特点及典型产品介绍

（1）晶闸管式弧焊逆变器的特点　晶闸管式弧焊逆变器采用大功率晶闸管作为开关器件，这种管子是最早应用于逆变器的，其技术成熟，容量大，但它本身的开关速度慢。管子的技术性能为晶闸管式弧焊逆变器带来了如下特点。

1）工作可靠性较高。因为晶闸管的生产历史长，技术成熟，设计者和生产厂家对它的性能、结构特点了解比较透彻，掌握比较好，所以其可靠性也好。

2）逆变工作频率较低。这是由于晶闸管是所用半导体开关管中速度最慢的缘故，即受到管子关断时间的制约所致。逆变工作频率只有数千赫兹，因此焊接过程存在噪声，并且不利于效率的提高和进一步减小质量及体积。

3）驱动功率低，控制电路比较简单。晶闸管采用较窄的脉冲就可以达到触发导通的目的，通常脉冲宽度为 $10\mu s$，幅值在安培级之内。因此，所需触发脉冲功率还是比较小的，它的控制驱动电路也可相应简化（相对晶体管式弧焊逆变器而言）。

4）控制性能不够理想。这是因为晶闸管一旦触发导通后，只要有足够的维持电流，就能一直导通下去。但这对于逆变器工作来说却是一个很大的缺点，即关断困难。若关断措施不可靠，则两个交替通断工作的晶闸管可能同时导通，使网路电源被短路，以致烧坏晶闸管，并使逆变过程失效。

5）成本低。晶闸管的价格相对比较低，有利于降低成本。

6)技术简单。单管容量大,不必解决多管并联的复杂技术问题。

(2)典型产品介绍

1)ZX7-315Z、ZX7-400Z 系列晶闸管逆变弧焊电源。该晶闸管系列逆变弧焊电源是我国原吉林工业大学电焊机研究所研制的专用集成电路控制的新型逆变弧焊电源。型号最后一个字母"Z"表示专用集成电路控制的含义。它主要用于焊条电弧焊及 TIG 焊。其主要技术参数见表5-2。

表5-2 ZX7-315Z、ZX7-400Z 系列晶闸管逆变弧焊电源主要技术参数

型 号	ZX7-315Z	ZX7-400Z
电 源	3×380V	3×380V
额定输入功率/kV·A	17.5	21
额定输入电流/A	26.6	32
额定输出电流/A	315	400
额定负载持续率(%)	60	60
最高空载电压/V	80	80
电流调节范围/A	40~140,100~320	40~170,150~400
效率(%)	83	83
质量/kg	50	66
(长/mm)×(宽/mm)×(高/mm)	450×350×580	600×360×550

ZX7-400Z 的外特性如图 5-9 所示。电源前面板示意如图 5-10 所示。该弧焊电源实施焊条电弧焊时操作步骤如下。

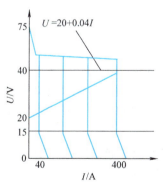

图 5-9 ZX7-400Z 逆变弧焊电源的外特性

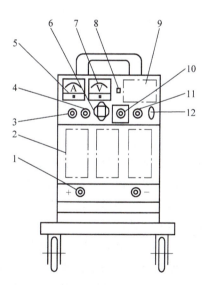

图 5-10 ZX7-400Z 逆变弧焊电源前面板图
1—输出接头 2—散热窗 3—焊接电流调节旋钮
4—引弧电流调节旋钮 5—电流表
6—大小档开关 7—电压表 8—指示灯
9—机型及厂名 10—远控插座
11—焊条电弧焊/氩弧焊转换开关
12—远/近控转换开关

① 停电检查。不接电源，对焊机进行全面外观检查，对所有开关、旋钮进行检查。将开关 11 扳至焊条电弧焊位置，用开关 6 选择电流大小档，若在近处调节电流，将开关 12 扳至近控位置，然后用旋钮 3 调节焊接电流；若为远程控制则由远控盒进行远距离调节焊接电流。旋钮 4 调节引弧电流大小。检查上述开关、旋钮是否正常。后面板上自动空气开关应向上扳至闭合状态。前面板下部的 "+" "-" 号，表示输出极性的正、负，应按需要正确接入焊钳或焊件。

② 通电空载检查。停电检查正常后方可进入此项检查。检查时由用户的配电板供电，焊机内风机转动，面板电源指示灯亮，电压表读数为 70~80V，并有轻微的 "哒、哒……" 声，表明焊机空载运行正常。

③ 焊接。空载正常后就可施焊。施焊时正确选择焊条、焊接参数及输出极性。焊接过程中除风机噪声外，焊机会产生一种轻轻地 "吱、吱……" 声，这是该焊机的特点，属正常情况。

ZX7-315Z、ZX7-400Z 系列晶闸管逆变弧焊电源保养、维修及注意事项如下。

① 设备安装。该型焊机为便携式设备，可随操作者频繁移动，不需要固定安装，但应放置在通风干燥处。电源配置为三相（三相四线制）交流 380V、50/60Hz。电源配电板上应安装自动空气开关作为保险装置，以确保操作者的安全。

② 使用操作。使用焊机前应仔细阅读该机的使用说明书，弄清焊机上各个功能旋钮的含义及操作方法。正常使用焊机时，焊机后面板上的低压断路器处于常闭状态，不要随便开、关，焊机电源应使用配电板上的开关。

③ 故障排除及维护。焊机空载运行时，机内有轻微的 "哒、哒……" 声，引燃电弧后，机内就有一种较轻、频率较高且变化的 "吱、吱……" 声，这是该类弧焊逆变器的特点，属正常现象。焊机运行时，若焊机后面板上的低压断路器突然断开，焊机停电，可将配电板上开关切断，重新将焊机后面板上开关闭合后，再闭合配电板上开关起动焊机，若焊机运转正常则为偶然因素使低压断路器动作；若配电板开关一闭合，焊机后面板开关就断开电路，使焊机无法起动，说明焊机有故障，应进行修理。

另外，由于焊机内有 600V 以上的电压，为确保安全，严禁随意打开机壳，检修时应由专人操作，并注意防止触电。

该型逆变弧焊电源由于采用了专用集成电路控制，使电路大大简化，所以电路集成化程度提高了；其次，由于控制电路采用无单独脉冲源式的变频控制法，此法是将主电路和控制电路共同构成一个环形振荡系统，在系统内无单独脉冲源，这样不但简化了控制电路，也提高了电路的可靠性。

2）ZX7 系列晶闸管逆变弧焊电源。该系列逆变弧焊电源是我国应用逆变弧焊电源中最广泛的一种电源，是采用快速晶闸管作功率开关器件的逆变器。

① ZX7 系列晶闸管逆变弧焊电源的主要特点。该弧焊逆变器的主要特点是体积小、质量小，移动方便，且动态响应快，焊接性能好，特别是高效节能，是较理想的新一代换代产品。表 5-3 为 ZX7-400 型弧焊逆变电源与前几代直流弧焊电源技术指标比较。

② 外特性。ZX7-400 型弧焊逆变器的外特性与 ZX7-400Z 的相似，如图 5-9 所示。

③ 操作使用方法。该电源的前面板（天津市中环电器厂生产）如图 5-11 所示，后面板上有电源电缆、低压断路器和铭牌。操作使用时，先不接电源对焊机进行全面检查，特别是

表 5-3　ZX7-400 型弧焊逆变电源与前几代直流弧焊电源技术指标比较

技术数据	型号规格				
	ZX7-400	ZXG1-400	ZX5-400	ZXG2-400	ZXG7-400
额定输出电流/A	400	400	400	400	400
额定负载持续率(%)	60	60	60	60	60
空载电压/V	60~90	71.5	63	80	70~80
输入电压/V	3×380	3×380	3×380	3×380	3×380
效率(%)	53	76.5	74	83	83
cosφ	0.9	0.68	0.75	0.55	≥0.95
质量/kg	370	238	220	310	75
(长/mm)×(宽/mm)×(高/mm)	950×590×890	685×570×1075	594×495×1000	990×490×950	700×355×540

检查开关、旋钮是否正常。前面板开关 9 扳到"近"即为近距离电流调节，扳到"远"即为远距离电流调节。旋钮 5 调节起动电流大小，注意开关 7 与旋钮 8 的相应关系，由旋钮 8 确定所需焊接参数。后面板电源线与用户配电板配合使用，低压断路器扳到闭合状态（朝上）。前面板下部的输出端标"+""-"表示输出极性的正、负，应按需要正确接入焊钳及焊件。停电检查正常后，方可进行通电空载检查。通电后，焊机内风机转动，面板电源指示灯亮，电压表读数为 68~73V，并有轻微的"哒、哒……"声，表明焊机空载运行正常，可以施焊。

④ 维护与保养。焊机的检修应由专业维修人员负责，由于机内最高电压达 600V，为确保安全，严禁打开机壳，维修时应做好防止电击等安全防护工作。

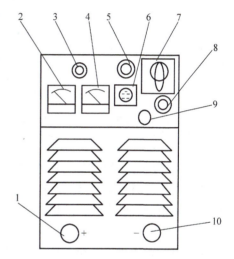

图 5-11　ZX7-400 型弧焊逆变器前面板图
1、10—输出电缆插座　2—电压表　3—指示灯
4—电流表　5—引弧电流调节旋钮
6—遥控插座　7—电流分档开关
8—输出电流调节旋钮
9—近/远控选择开关

焊机在运行过程中出现下列情况属正常现象：① 开机后在空载情况下，焊接电源内有"哒、哒……"声，同时电压指针也有些摆动；② 焊接过程中焊接电源内的中频变压器会发出一种啸叫声；③ 高温环境中长时间过载运行时，机内的热敏继电器会自动使焊机停止工作，此时使焊机空载运行几分钟后，焊机会自动恢复工作；④ 高温环境中长时间使用或过载运行，也可能使后面板上的低压断路器动作而切断焊机电源，此时应立即关掉配电板或配电柜上的电源开关，让焊机停止工作几分钟后再开机，开机时应先合上焊机上的低压断路器，然后再用配电板或配电柜上的电源开关开机，开机后应让焊机空载运行几分钟后再使用。

焊机出现故障需修理时应先检查：① 三相电源的电压是否在 380V±10% 范围内，以及有无缺相；② 焊机电源输入电缆连线是否正确可靠；③ 焊机接地线连线是否可靠；④ 焊机输出电缆连线是否正确，接触是否良好，焊接电缆导线截面积不应小于 70mm²。

ZX7-400 型弧焊逆变器出现故障的原因及排除方法见表 5-4。

表 5-4 ZX7-400 型弧焊逆变器出现故障的原因及排除方法

故障现象	故障原因	排除方法
开机后指示灯不亮,但电压表有 68~73V 指示,且风机运转正常,焊机能工作	指示灯接触不良或损坏	更换指示灯(指示灯额定 6.3V,0.15A)
开机后指示灯不亮,风机也不转,但后面板上的低压断路器仍处于闭合位置	1)断相 2)低压断路器损坏	1)检查电路 2)更换低压断路器(C45N,32A)
开机后能工作,但焊接电流小且电压表指示不在 68~73V	1)换相电容器中某个失效 2)焊接电缆截面太小 3)三相整流桥损坏 4)三相380V电源断相 5)控制电路板损坏	1)更换电容器(C88-500V-80μF) 2)更换焊接电缆(70mm²) 3)更换三相整流桥 4)检查用户配电板或配电柜 5)更换控制电路板
接通焊机电源时低压断路器立即断电	1)快速晶闸管损坏 2)快恢复整流二极管损坏 3)三相整流桥损坏 4)压敏电阻损坏 5)控制电路板故障 6)电解电容器失效	1)更换快速晶闸管(KK200A/1200V) 2)更换快恢复整流管(ZK300A/800V) 3)更换整流桥 4)更换压敏电容器 5)更换控制电路板 6)更换电解电容器(CD13A-F350V470μF)
无论怎样调节焊接参数,焊接过程中都出现连续断弧	电抗器 L_4 匝间绝缘不良,有匝间短路	此故障短路点不易查找,用户无法自行排除时,应及时通知生产厂家处理

焊机每年应由维修人员用压缩空气除尘一次,同时注意检查机内紧固件及接线有无松动,若有则应及时排除。除尘时应事先切断焊机电源,并且不要随意乱动机内接线和碰伤元器件。使用中注意经常检查焊接电缆快速插头的接触情况,至少每月应由操作者检查一次。

3) 晶闸管 TIG、MIG 和 MAG 焊电源。晶闸管作为开关器件的逆变器,不仅可以用作焊条电弧焊电源,还可以用作 TIG 焊、MIG 焊和 MAG 焊弧焊电源。

晶闸管逆变 TIG 焊电源主要是要求具有恒流的外特性,因此只要将焊条电弧焊逆变电源的外特性部分去掉,就符合 TIG 焊的要求了。当然考虑 TIG 焊的特点,必须在焊条电弧焊电源的基础上增加 TIG 焊的功能,故焊条电弧焊/TIG 焊两用逆变弧焊电源的产品也有出现。

晶闸管 MIG/MAG 焊电源主电路也是以晶闸管焊条电弧焊电源为基础的。这类焊接电源支持自动送焊丝,并且是以自动或半自动的形式进行焊接,因此要求焊接电源引弧成功率高,电弧稳定,飞溅小。某电焊机研究所曾经用恒压、缓降和复合型三种外特性进行实验,结果表明 MIG/MAG 焊时,引弧期采用平特性以获得较大的输出电流,有利于提高引弧的成功率。焊接期间采用平特性有利于提高焊接电弧的稳定性。在电流较大、电压较小时采用缓降特性,有利于抑制短路电流峰值。因此采用复合型外特性效果最好。

4) 逆变式矩形波交流弧焊电源。逆变式矩形波交流弧焊电源的基本原理框图如图 5-12 所示。它由普通直流弧焊电源(图 5-12 中的晶闸管式弧焊整流器)与晶闸管式弧焊逆变器等组成主电路,通过晶闸管式弧焊逆变器把直流电转变成频率、正负半波通电时间比和电流比在一定范围内可调的矩形波交流电。

① 矩形波交流电流的获得原理。逆变式矩形波交流弧焊电源主电路由变压器、晶闸管式弧焊整流器和晶闸管式弧焊逆变器等组成。

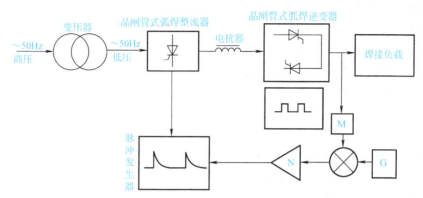

图 5-12　逆变式矩形波交流弧焊电源基本原理框图

工频正弦波交流电经变压器降压和晶闸管式弧焊整流器整流,成为几十伏的直流电,再经过晶闸管式弧焊逆变器的开关和转换作用,就成为矩形波交流电。

晶闸管式弧焊逆变器把直流电转换成矩形波交流电的原理如图 5-13a 所示。当晶闸管 VT_1、VT_3 触发导通而 VT_2、VT_4 关断时,电流 i_1 通路为:A(+)→VT_1→电弧→VT_3→B(-),从而使电弧获得正半波的电流。当 VT_2、VT_4 触发导通而 VT_1、VT_3 关断时,电流 i_2 通路为:A(+)→VT_2→电弧→VT_4→B(-),从而使电弧获得负半波的电流。由此可见,只要控制 VT_1、VT_3 和 VT_2、VT_4 两组晶闸管轮流导通,就可切换电弧电流的方向,同时控制两组晶闸管导通时间的长短和通电时间的比值,就可得到频率和正负半波通电时间比例不同的矩形波交流电,如图 5-14 所示。由于主电路电容放电的原因,使每半波电流的前沿带有尖峰,这还有利于电弧的重新引燃,电流的波形如图 5-13b 所示。

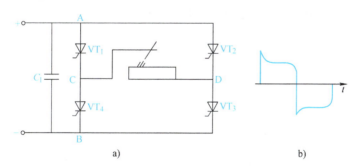

图 5-13　晶闸管式弧焊逆变器将直流电转换成矩形波交流电的原理图

在主电路中,实现 VT_1、VT_3 和 VT_2、VT_4 的轮流关断可以采用两种方法:一是采用强迫关断,其关断原理与晶闸管断续器式脉冲弧焊电源相同,另一种方法是采用可关断晶闸管,它是靠控制信号来关断的。

② 外特性控制和焊接参数调节。这种类型的矩形波交流弧焊电源实质上是由通用直流弧焊电源和矩形波交流发生器(即晶闸管式弧焊逆变器)所组成的。其外特性形状的控制和矩形波交流电幅值的调节是通过直流弧焊电源来实现的。

直流弧焊电源可以采用磁饱和电抗器式硅弧焊整流器,也可以采用晶闸管式弧焊整流器。但从控制性能和弧焊性能来看,最好还是采用晶闸管式弧焊整流器,如图 5-12 所示。由图 5-12 可知,电源的外特性形状是由晶闸管式弧焊整流器的闭环反馈电路和电子控制电路（检测电路 M、给定电路 G、放大器 N 和脉冲发生器）来控制的。通过改变晶闸管的触发延迟角调节直流电压的幅值，即可调节由逆变器输出的矩形波交流电幅值的大小。正负半波通电时间比和频率则是通过改变逆变器中晶闸管触发脉冲的相位角来实现的。

能力知识点 3　晶体管式弧焊逆变器

在逆变弧焊电源的发展史上，逆变器功率开关器件，由晶闸管发展到晶体管，后来又发展到 MOSFET、IGBT。但至今晶体管式逆变弧焊电源仍在不断生产，并占相当大的比例。这是因为它具有自关断能力，并有开关时间短、饱和压降低和安全工作区宽等优点。近年来，由于晶体管实现高频化、模块化和廉价化，因此它在逆变弧焊电源中仍有一定的竞争力。目前，晶体管的容量已达到 400A/1200V、1000A/400V，耗散功率已达 3kW 以上。

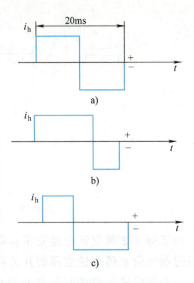

图 5-14　不同正负半波通电时间比的波形示意图

a) 50∶50　b) 70∶30　c) 30∶70

1. 晶体管式弧焊逆变器的结构原理

晶体管式弧焊逆变器与晶闸管式弧焊逆变器相比，两者的主电路结构是相同的，只是逆变器采用的功率开关器件是不同的。采用晶体管作功率开关器件比采用晶闸管控制性能好。晶体管属于全控型器件，逆变器工作频率可达 15～20kHz。晶闸管式弧焊逆变器的工作频率一般在 1～5kHz 范围内。另外，逆变器的控制方式也不同，晶闸管式弧焊逆变器一般采用调频率控制，而晶体管式弧焊逆变器一般采用脉宽调制方式。图 5-15 所示为晶体管式弧焊逆变器原理框图。

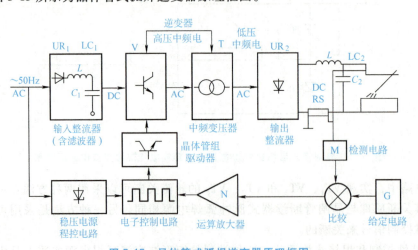

图 5-15　晶体管式弧焊逆变器原理框图

晶体管式弧焊逆变器的电路分为两大部分：从电网将能量传递给负载的电路称为主电路，包括输入整流器（含滤波器）、逆变器和输出整流器等；其余为控制电路，包括晶体管组驱动电路、电子控制电路、反馈检测电路（M）、给定电路（G）、比较电路、运算放大器（N）和稳压电源等。

工频电网电压直接经输入整流器（含滤波器），得到数百伏（301V、540V）左右的直流电压，该直流电压施加到晶体管逆变器上。高压开关大功率晶体管由控制电路提供的矩形波电压脉冲控制交替地通断，将直流电压变换成中频（15~20kHz）交变的矩形波脉冲电压，中频变压器将数百伏的高电压降为焊接所需的数十伏电压，然后由二次侧开关整流二极管（快速二极管）进行整流（全波或半波），得到一倍或两倍于一次侧开关频率的断续矩形波，最后由输出滤波器（电抗器和电容器）将其平滑成连续的低纹波直流电压。

输入端的滤波器可分为低通滤波器和整流滤波器两种：低通滤波器置于输入整流器之前，与工频电网连接，其作用是防止工频电网上的高频干扰进入弧焊逆变器，同时阻止弧焊逆变器本身产生的高频干扰进入工频电网，它主要由电感、电容和电阻等元件组成。

通常，在工频电网输入端还设有输入电压软起动装置，以防止合闸浪涌电流。这种软起动装置可以借助不同的电路环节来实现。例如，在输入端串联限流电阻（在起动之后将它短接）或晶闸管（在起动过程中导通角逐渐增大），也可将输入整流器改为晶闸管式整流器，并在起动过程中让其导通角逐渐增大等。

控制电路提供的矩形波脉冲电压经驱动电路对其进行电流放大，确保高压大功率开关器件具有足够大的基极电流，实现其饱和导通，降低管压降。矩形波脉冲电压由时钟振荡电路或恒脉宽发生器提供。借助反馈检测电路、给定电路、比较电路和放大电路等实现对晶体管式弧焊逆变器的闭环控制，获得所需的外特性和工艺参数调节。

2. 逆变主电路及控制驱动电路的形式

（1）逆变主电路的形式　晶体管式弧焊逆变器的主电路形式很多，下面主要介绍几种常用的逆变主电路。

1）单端通向开关电路。如图5-16a所示，中频变压器的磁路仅工作在磁滞回线的第一象限。为限制集、射极的电压尖峰，设有带去磁绕组的二极管钳位电路，使U_{ce}不超过$2U_d$，这种电路不存在正负半波晶体管同时导通的问题，可用于焊接电流较小的场合。

2）双端通向开关电路。如图5-16b所示，由两个单端通向开关电路组成，输出功率提高一倍，有利于减小输出电抗器的体积和输出波纹。可用于焊接电流较大的场合。

3）串联半桥式电路。如图5-16c所示，晶体管集、射极间电压为电源电压U_d。中频变压器承受的电压为$U_d/2$，与下面介绍的全桥式及并联式相比较，在相同输出功率的条件下，晶体管通过的集电极电流为$2I_c$，其抗不平衡能力强，即正负半波电压的宽度和幅值容易达到相等，可用于中等焊接电流的场合。

4）并联式（推挽式）电路。如图5-16d所示，晶体管集、射极之间和中频变压器分别承受$2U_d$和U_d的电压，对管子耐压要求较高，相同输出功率时集电极电流为I_c。控制电路比较简单。可用于焊接电流较大的场合。

5）串联全桥式电路。如图5-16e所示，晶体管集、射极之间的电压为直流电源电压U_d，中频变压器上施加的电压也为U_d。与其他形式的电路相比，在相同输出功率时集电极电流为I_c，便于获得较大的工频输出，但抗不平衡的能力较弱，可用于焊接电流较大的场合。

（2）驱动控制电路的形式

1）驱动电路的主要形式。晶体管属于电流控制型，并且由于大功率开关晶体管的电流放大倍数较小，所以需要驱动器，目的是获得较大的控制电流和功率。

功率开关晶体管的基极驱动电路可分为直接驱动和隔离驱动两种方式。直接驱动方式是

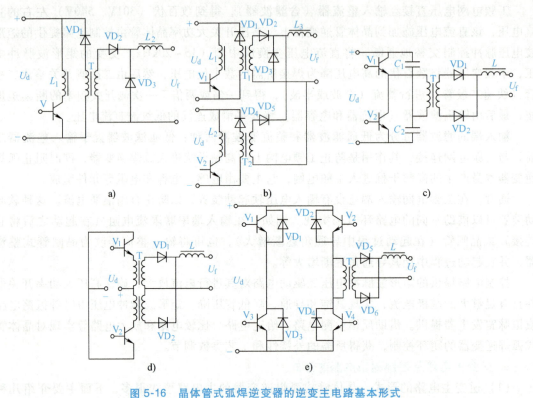

图 5-16 晶体管式弧焊逆变器的逆变主电路基本形式
a) 单端通向开关电路 b) 双端通向开关电路 c) 串联半桥式电路
d) 并联式电路 e) 串联全桥式电路

指驱动电路与主电路之间直接连接,其驱动方式的三种基本电路如图 5-17 所示。图 5-17a 为简单基极驱动电路;图 5-17b 为双基极推拉式基极驱动电路;图 5-17c 为抗饱和式双基极推拉式基极驱动电路。后两种电路都是改进形式,目的是为了获得近于理想的基极驱动电流波形。

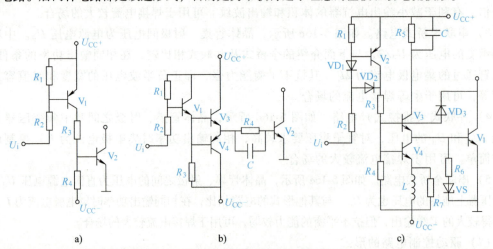

图 5-17 基极直接驱动电路

在很多场合,主电路与控制电路间必须进行电的隔离,为此必须采用基极隔离驱动电路,常用的有电磁隔离和光电隔离两种。图 5-18a 为脉冲变压器作电磁隔离的简单电路;

图 6-18b 为采用光电耦合器的光电隔离基极驱动电路。

2）控制电路的主要形式。为了实现弧焊逆变器的外特性、调节性能、动特性及输出波形的控制与调节，晶体管式弧焊逆变器采用"定频调脉宽"的调制方式。它的电路基本结构形式如图 5-19 所示，主要由时钟振荡器、V/W 电路、分频器、检测放大电路、保护电路、软起动电路和辅助电路等单元电路组成。

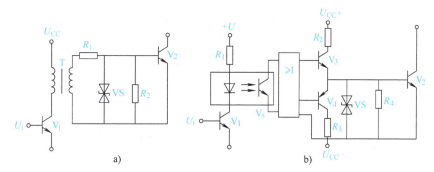

图 5-18 基极隔离驱动电路

3. 晶体管式弧焊逆变器的特点及产品介绍

（1）特点 与晶闸管式弧焊逆变器相比，晶体管式弧焊逆变器具有以下特点。

1）逆变器的工作频率较高。晶体管式弧焊逆变器的工作频率可达 16kHz 以上，因此既无噪声的影响，又有利于进一步减小弧焊电源的质量和体积。

2）采用"定频率调脉宽"的方式调节焊接参数和外特性。这种方式可以无级调节焊接参数，不必分档调节，操作方便。

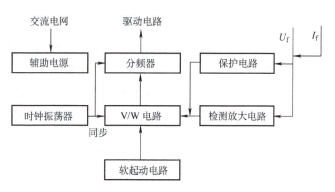

图 5-19 "定频调脉宽"调制方式控制电路的基本结构形式

3）控制性能较好。晶闸管式弧焊逆变器晶闸管导通时间的长短不决定于触发脉冲的宽度，而决定于逆变电路的电参数（如 L、C 等），且关断较麻烦。而晶体管式弧焊逆变器采用电流型控制，从基极电流控制晶体管的开关，控制性能好，不存在通易关难的问题，而且控制比较灵活、受主电路参数影响较小。

4）成本较高。以前晶体管的价格较高，且管子的容量较小，耐压较低，需要多只管子并联工作。这不仅使整机的制造成本提高，而且增大了技术上的难度。目前，晶体管已能做到很大的容量，不必采用多管并联工作，这不仅减少了调整工作的麻烦，有利于提高产品质量的稳定性，又可降低原逆变器的成本，但价格仍然偏高。

晶体管式弧焊逆变器存在两个明显的缺点：一是晶体管存在二次击穿问题；二是控制驱动功率较大，需要设驱动电路。

（2）产品介绍 目前，国内外已生产出多种型号的晶体管式弧焊逆变器，它们主要用在 MIG/MAG 焊、TIG 焊、等离子弧焊与切割、焊条电弧焊以及用作弧焊机器人的弧焊电源，有一部分已实现智能控制。下面简要介绍几种晶体管式弧焊逆变器的主要性能指标，见表 5-5。

表 5-5　几种晶体管式弧焊逆变器的主要性能指标

指标	型号			
	EUROTRANS-500	YM-350HF	US220AT	ZS7-250
额定输入电压/V	交流 3×380	交流 3×380	交流 220	交流 3×380
额定输入功率/kV·A	19	18	7.9	9.6
焊接电流/A	50~500	直流 60~350	5~220	50~250
焊接电压/V	15~40	直流 16~36	直流 55	直流 65~73
输入频率/Hz	50,60	50,60	50,60	50
逆变频率/kHz	25	6~16	16	—
负载持续率(%)	60	60	60	60
$\cos\varphi$	0.92	—	0.99	—
效率	0.88	0.888	0.81	0.83
(长/mm)×(宽/mm)×(高/mm)	870×550×820	360×520×730	250×550×365	450×250×440
质量/kg	135	74	25	31.5

表 5-5 中，ZS7-250 是我国生产的一种主要适用于焊条电弧焊的弧焊逆变器。

US220AT 是美国生产的一种轻便型晶体管式弧焊逆变器，它的特点是输入电压为单相 220V 交流，其适用面广，既可以作为焊条电弧焊电源，也可以作为 TIG 焊电源，为了适用 TIG 焊时采用接触引弧，此电源设置软起动控制，可用较低的空载电压（3V）引弧，这样接触引弧时不会引起钨极烧损和焊件夹钨。

EUROTRANS-500 是德国生产的较低水平智能控制型晶体管式弧焊逆变器，它具有多种外特性和多种电流形式输出，其最大的特点是可用已储存的焊接参数和资料进行焊接。主要焊接参数有脉冲幅值、脉冲宽度和脉冲频率，以及基本电流和送丝速度等。根据不同的工作条件和要求，通过反复试验确定上述五个焊接参数的最佳配合，编成程序，分别把它们存入五个存储器中，焊接时只需把焊接方法旋钮、焊丝直径旋钮和焊接材料、保护气体种类的旋钮置于所需的位置，就可将最佳配合的五个焊接参数调出来使用，从而获得飞溅极小、成形美观和变形小的优质焊缝。因此，这种弧焊逆变器可用于机器人焊接。

YM-350HF 是日本生产的晶体管式弧焊逆变器，它用于半自动 CO_2/MAG 焊和 CO_2 电弧定位焊，配以弧焊机器人可进行高速焊接。该焊机采用脉宽调制，通过控制可大范围调节焊接参数和特性，具有一元化调节、旁路引弧、气体流量控制、飞溅控制、焊丝端部去球控制等功能。它的工艺性能好，运行可靠，配有不同功能的遥控盒。

能力知识点 4　场效应晶体管式弧焊逆变器

晶体管式弧焊逆变器与晶闸管式弧焊逆变器相比，虽然提高了逆变频率（20kHz），有利于提高效率，减小电源的体积和质量，但它的过载能力差，热稳定性不理想，存在二次击穿且需要较大的电流驱动（电流控制型）。因此，人们又研制出了性能更为先进的大功率场效应晶体管（MOSFET），通常以 VF 表示。它属于电压控制型，只需要极微小的电流就能实现开关控制，而且开关速度更快，无二次击穿。

小知识 用作弧焊电源逆变器开关的场效应晶体管功率都较大，常称它为功率场效应晶体管。场效应晶体管属单极型晶体管，它是用栅极电场控制漏极和源极之间的沟道电导从而控制漏极电流，它是电压控制电流型器件。

1. 主要组成和基本工作原理

场效应晶体管式弧焊逆变器的主要组成和基本原理，与晶体管式弧焊逆变器相似，其原理框图如图 5-20 所示。由图可见，和晶体管式（图 5-15）相比，其不同点表现为场效应晶体管式一般采用的逆变频率为 40~50kHz；主电路采用大功率场效应晶体管组，取代功率开关晶体管；晶体管式采用电流控制（属电流控制型），而场效应晶体管式采用电压控制（属电压控制型）；从驱动功率来看，晶体管式需要较大的驱动功率，因此为驱动功率放大往往需要增设驱动电路，而场效应晶体管式只需要极小的驱动功率。其相同点表现为外特性的获得与控制均借助于脉宽的变化来实现，即同采用"定频率调脉宽"的调节方式。另外，输入整流滤波电路、逆变主电路、输出滤波器、带反馈的闭环控制电路及其原理都是基本相同的，这里不再介绍。

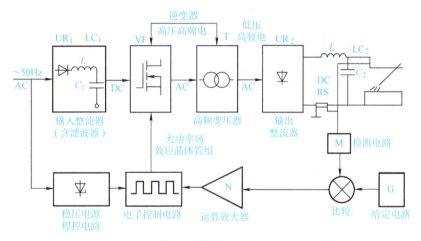

图 5-20 场效应晶体管式弧焊逆变器的主要组成和原理框图

2. 逆变主电路

场效应晶体管式弧焊逆变器的逆变主电路形式与晶体管式弧焊逆变器相似，常采用单端正激式、半桥式、全桥式和双重正激单端式逆变主电路。下面以双重正激单端式逆变主电路为例进行介绍。

双重正激单端式逆变主电路组成和基本形式如图 5-21 所示，它是由两个独立的单端正激逆变主电路所组成，即由 VF_1、VF_2、VD_1、VD_2 和 T_1 组成一个单端正激逆变主电路，由 VF_3、VF_4、VD_3、VD_4 和 T_2 组成另一个单端正激逆变主电路，VD_6、VD_7 分别为它们的一次侧输出整流快速二极管，VD_5 为共用的续流快速二极管。

3. 特点及典型产品介绍

（1）特点

1) 控制功率极小。场效应晶体管（MOSFET）的直流输入电阻很高，采用电压控制，

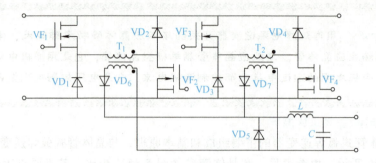

图 5-21　场效应晶体管式双重正激单端逆变主电路

只要控制电压大于一定值,场效应晶体管就能进入饱和导通状态,因此所需控制功率极小。而开关晶体管(GTR)只有在基极控制电流足够大时才能达到饱和导通状态,而且管子的放大倍数一般都较小,需要较大的控制功率。

2) 工作频率高。场效应晶体管具有很高的开关速度,逆变频率可达到 40kHz 以上,甚至超过 100kHz,而且开关过程的损耗很小,有利于提高逆变器的效率和减小体积。

3) 多管并联工作相对较易实现。晶体管具有负的温度系数,在并联工作的管子中若某只管子温度上升,就会引起本身的电流增大,因此产生恶性循环,导致管子因过电流烧毁。因此,晶体管多管并联工作时要求每只管子都必须串联均流电阻,以解决负载的均流问题。而场效应晶体管具有正的温度系数,即随着管子温升的提高,通道电阻也增大。因此,在并联工作中管子能自动调节电流的均衡,不必串联均流电阻。

4) 过载能力强,热稳定性能好。场效应晶体管不存在晶体管会出现的二次击穿问题,可靠工作范围更宽,动特性更好。

5) 管子的容量较小,成本较高。场效应晶体管式弧焊逆变器可以输出直流、脉冲、矩形波交流焊接电流,它不仅可以应用于量大面广的焊条电弧焊、钨极氩弧焊、熔化极气体保护焊、等离子弧焊和切割,还可以用于半自动焊、自动焊和机器人焊接等。

(2) 典型产品介绍　下面以 WSM-100 为例,介绍场效应晶体管式弧焊逆变器的技术性能。

WSM-100 是高频脉冲 TIG 弧焊逆变器,其逆变器工作频率为 66～140kHz。这样高的频率只有场效应晶体管式弧焊逆变器才能胜任。采用高频脉冲的目的,是利用高频电流的电磁压缩作用来提高焊接电弧的挺度,小电流稳定,从而可提高焊接薄板的效率和质量。其工作原理如图 5-22 所示。它采用了定频率调脉冲宽度的控制方法。空载时,输出的控制脉冲宽度很小,因而输出的空载电压也很低。引弧后,在电流正反馈环节的作用下,使输出的控制脉冲宽度逐步增加,输出端电压随之逐步升高,焊接电流不再逐步增长,这一正反馈过程由低压引弧电路完成。当焊接电流达到外特性控制电路所设定的电流值时,电流负反馈电路进入工作状态,电流不再增加而保持恒定。低压引弧电路自动退出工作状态。电流的恒定是通过调节脉冲宽度来实现的,即通过"定频调脉宽"控制方式,调节主变压器输出电压来实现电流的恒定。

WSM-100 高频脉冲 TIG 弧焊逆变器的主要技术参数如下:

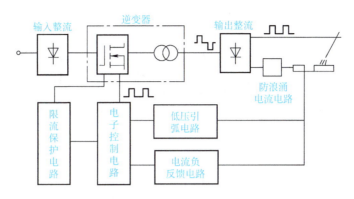

图 5-22　WSM-100 高频脉冲 TIG 弧焊逆变器原理图

1) 电网电压：单相，220V。
2) 空载电压：12V。
3) 电弧电压：≤20V（工作电压最大可达 40V）。
4) 焊接电流：≤100A。
5) 频率调节范围：66~140kHz。
6) 外特性：垂直陡降。
7) 质量：约 8kg。
8) 外形尺寸：320mm×260mm×130mm。

能力知识点 5　IGBT 式弧焊逆变器

场效应晶体管取代晶体管作为弧焊逆变器的电子功率开关，虽然具有控制功率极小、开关速度快、无二次击穿、逆变频率高等优点，也存在一些缺点，如通道电阻大、耐压低、额定工作电流小、需多管并联、生产调试较麻烦等。为了解决这些问题，科研人员研制出 IGBT 功率开关管，该管容量大，生产调试方便，因此很快得到了推广和应用。然而 IGBT 式弧焊逆变器的逆变频率没有场效应晶体管式弧焊逆变器高，所以二者各有特色，成为目前并举发展和大面积推广应用的弧焊电源。特别是 IGBT 式弧焊逆变器，功率范围非常宽泛，故其推广面更宽，推广速度更快。

> **小知识**　IGBT 指绝缘栅双极晶体管，它是将场效应晶体管和 GTR 集成在一个芯片上的复合器件。IGBT 发展很快，它属于晶体管类，既可作为开关用，又可作为放大器件用，由于它综合了场效应晶体管和 GTR 的优点，所以具有良好的特性。

1. 主要组成和基本工作原理

IGBT 式弧焊逆变器的主要组成和基本原理框图如图 5-23 所示。它与场效应晶体管式弧焊逆变器、晶体管式弧焊逆变器相比较基本相似，其基本结构形式一样，并且都采用"定频率调脉宽"的调节方式。其不同点主要表现为：①IGBT 代替场效应晶体管或晶体管；②逆变频率（20~25kHz），比场效应晶体管（40kHz 以上）小；③IGBT 采用电压控制，单管容量足够，不必多管并联工作。IGBT 式弧焊逆变器的外特性、调节体系和输出波形的获

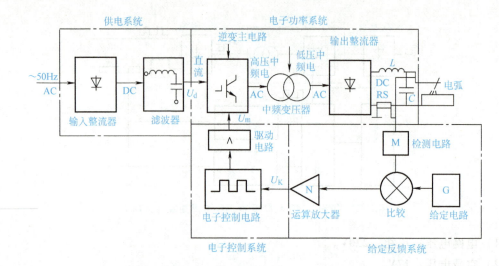

图 5-23　IGBT 式弧焊逆变器的主要组成和基本原理框图

得与控制，也是借助于脉宽的变化来实现的，包括输出脉冲波形的低频调制在内，而且，在输入整流滤波电路、逆变主电路基本类型、输出滤波电路、带有负反馈的闭环控制电路及其原理等方面，与场效应晶体管式弧焊逆变器基本都是相同的。

2. 分类、应用及典型产品介绍

（1）分类及应用　IGBT 式弧焊逆变器可按外特性分类，也可按输出直流、脉冲和矩形波交流分成相应的类型，这两类弧焊逆变器具有普遍推广的意义，不仅可用于量大面广的焊条电弧焊、钨极氩弧焊、熔化极气体保护焊和等离子弧焊与切割，还可用于 1250~2000A 的大功率单/双丝埋弧焊、碳弧气刨以及机器人弧焊、双丝 MIG/MAG/脉冲焊及三丝埋弧焊等。

（2）典型产品介绍

1）MZ-1250 型 IGBT 逆变式弧焊电源。该弧焊电源为埋弧焊电源。其主要技术指标为：电网电压 380V、三相、50/60Hz；额定焊接电流 1250A；额定电弧电压 44V；空载电压 83V；额定负载持续率 60%；额定输出功率 55kW；效率 86.5%（最大效率 90%）；功率因数 0.93（最高 0.96）；埋弧焊逆变器（电源）质量 128kg；埋弧焊逆变器外形尺寸为 380mm×680mm×880mm。

2）高频脉冲 MIG 焊 IGBT 式弧焊逆变器。其主要技术指标为：电网电压 380V、三相、50/60Hz；额定输入电流 62A；额定输入容量 32kV·A；空载电压 80V；额定焊接电流 630A；焊接电流调节范围 30~630A；额定输出功率 27.7kW；效率 86%；逆变频率 20kHz；质量 47kg。

【综合训练】

一、填空题（将正确答案填在横线上）

1. 以_____为逆变主电路的大功率高压开关管，通过其_____来控制的弧焊逆变器，称为晶闸管式弧焊逆变器。

2. 晶闸管式弧焊逆变器的主电路由_____、逆变电路和_____等组成。主电路的核心部分是逆变电路，它由_____、中频变压器、_____等组成，构成所谓"串联对称半桥式"逆变器。

3. 晶闸管式弧焊逆变器的外特性形状，是通过_____负反馈与_____电路的配合以改变频率 f 来控制的。

4. 晶闸管式弧焊逆变器是采用_____的调节方法来调节焊接工艺参数的，即通过改变晶闸管的_____来进行的。

5. 晶体管属于_____型器件，逆变器工作频率可达_____kHz。

6. 晶体管弧焊逆变器的控制电路包括晶体管组驱动器、_____、反馈检测电路、_____、比较电路、_____、_____等。

7. 功率开关晶体管的基极驱动电路可分为_____驱动和_____驱动两种方式。

8. US220AT 是美国生产的一种_____型晶体管式弧焊逆变器；EUROTRANS-500 是德国生产的较低水平_____型晶体管式弧焊逆变器；YM-350HF 是日本生产的晶体管式弧焊逆变器，它用于半自动 CO_2/MAG 焊及 CO_2 电弧点焊，配以_____可进行高速焊。

9. 场效应晶体管属于_____控制型，只需要极微小的_____就能实现开关控制。

10. 场效应晶体管式弧焊逆变器的逆变主电路形式常采用单端_____、_____、_____和双重正激单端式逆变主电路。

二、判断题（在题末括号内，对的画"√"，错的画"×"）

1. 逆变式弧焊电源脉冲宽度的调制方式为开关周期恒定，通过改变导通脉冲宽度来改变占空比。（　　）

2. 对于逆变式弧焊电源脉冲宽度的调制方式，由于晶体管导通宽度有最大值，所以输出电压可以在较大的范围内调节。（　　）

3. 对于逆变式弧焊电源脉冲宽度的调制方式，输出端必须要有一定数量的无效负载。（　　）

4. 逆变式弧焊电源的混合调制方式是指导通脉冲宽度和开关工作频率均不固定，二者都能改变的方式，因而适用于要求较窄范围调节输出电压的场合。（　　）

5. 单端通向开关电路可用于中等焊接电流的场合。（　　）

6. 串联半桥式电路可用于焊接电流较小的场合。（　　）

7. 串联全桥式电路可用于焊接电流较大的场合。（　　）

8. 晶体管式弧焊逆变器采用"定频调脉宽"的调制方式。（　　）

三、简答题

1. 简述弧焊逆变器的基本工作原理。

2. 简述弧焊逆变器的特点及应用。

3. 晶闸管式弧焊逆变器的逆变主电路有哪几种形式？试分析串联不对称半桥式电路的基本工作原理。

4. 简述晶闸管式弧焊逆变器的特点。

5. 逆变式矩形波交流弧焊电源是如何获得矩形波交流电流的？

6. 简述晶体管式弧焊逆变器的结构原理。
7. 与晶闸管式弧焊逆变器相比,晶体管式弧焊逆变器具有哪些特点?
8. 简述场效应晶体管弧焊逆变器的特点。
9. 场效应晶体管弧焊逆变器与晶闸管弧焊逆变器有什么异同点?
10. 为什么几种晶闸管式弧焊逆变器用"定脉宽调频率"方式调节焊接工艺参数,而晶体管式(GTR)、场效应晶体管式(MOSFET)、IGBT 式弧焊逆变器用"定频率调脉宽"的方式调节焊接工艺参数?
11. 为什么晶体管式、场效应晶体管式和 IGBT 式弧焊逆变器的工作频率比晶闸管式弧焊逆变器的工作频率高?
12. 四种弧焊逆变器的主电路为什么都接有电抗器?

四、实践部分

在教师的指导下,熟悉 ZX7-400 晶闸管弧焊逆变器的结构特点,学会该焊机的操作使用方法,掌握该弧焊逆变器出现故障的原因及如何排除所出现的各种故障。

综合知识模块 2　数字化焊接电源

能力知识点 1　现代焊接技术的发展趋势

现代焊接技术的发展趋势为:
1) 工艺高效化。
2) 电源数字化。
3) 控制智能化。
4) 生产机器人化。

华南理工大学黄石生教授提出:高速、高效、优质和自动、智能化是现代焊接技术的主要发展方向,研发和推广应用数字化焊机是它的基础,也是实现现代化焊接工艺的重要标志。

近年来,随着铝合金在国防、航空、航天、汽车、船舶及高速列车等制造领域的应用越来越广泛,铝合金焊接技术也在突飞猛进地发展。基于对传统电弧焊接技术的改进和创新,出现了多种新型铝合金脉冲电弧焊接技术,如脉冲变极性 TIG 焊接技术、变极性穿透型等离子弧焊接技术、双脉冲 MIG 焊接技术、变极性 MIG 焊接技术等。

功率半导体技术的发展促使电能的变换和应用从电磁时代走向电子时代。相应地,焊接电源则从电磁和机械控制的发电机式、变压器式、硅整流式等发展为电子控制的晶闸管整流式、逆变式等,从而为实现更精确、更复杂的电源输出特性控制和焊接工艺过程控制奠定了基础。

现代工业制造技术的发展,对焊接接头的质量和精密性、焊接电源系统的柔性和人机交互性能、焊接生产的网络化运行和管理等,提出了更高的要求。

虽然模拟控制的电子式焊接电源能够在一定程度上满足现代焊接生产的需求,但它也存在许多局限性,如电路的复杂性增加、控制精度的稳定性不强、难于实现焊接生产的网络化运行和管理等,这促使了数字化控制的焊接电源的诞生和迅速发展。

能力知识点 2　数字化焊接电源的释义

数字化的定义为：

1）按照一定规则，用数字表示字母或符号。

2）把连续的物理量用数字 0 和 1 的形式表示。

按照这一表述，所谓数字化焊机就是指这样一种焊机：在逆变焊机的基础上，施加数字信号处理和数字控制技术，即用 0 和 1 编码的数字信号代替模拟信号。从而获得具有精密化、人性化、高效化、绿色化和网络化的新型焊机。

成都电焊机研究所高级工程师郑思潜提出：数字化焊接技术是指用计算机技术来控制焊接设备的运行状态，使其满足和达到焊接工艺所提出的要求，以得到完全合格的焊缝。

数字化焊接技术的核心就是焊机的数字化。和其他专业领域一样，焊接技术的发展同样得益于数字电子技术的发展。

数字化焊机技术主要包括以下三个方面。

（1）主电路的数字化　即从模拟式焊接电源到开关式焊接电源、逆变式焊接电源主电路，发展到现在大量应用的 IGBT、MOSFET 或双极晶体管式弧焊逆变器。而且涉及的焊接方法和材料范围越来越广，功率越来越大，相对体积越来越小。

（2）控制电路的数字化　这方面的技术应用发展是非常快的，就控制系统的结构而言，数字化焊接电源的控制部分为单片机或由单片机和数字信号处理器（DSP）共同构成，对给定信号流、参数反馈流和网压信号流进行综合处理与运算、控制，达到焊接电源的数字化、信息化、柔性化的控制。

（3）人机接口技术　人机交互系统是人机最直接的操作界面，是操作者向计算机输入信息、发出指令及观察现场参数和信息的窗口，具有友好性、灵活性、功能性、明确性、一致性、可靠性等特点。国外已有焊机将液晶显示器和键盘操作相结合，进行焊接方法、焊接工艺参数设置和信息显示等的人机交互过程。焊接小车和送丝拖动系统的数字化控制、伺服拖动已经得到了应用。工业机器人和专机与焊机的数字化接口技术随着机器人和专机在生产中的大量应用也得到了迅速的发展。

能力知识点 3　数字化焊接电源的内涵

所谓数字化焊接电源，就是在电子式焊接电源的基础上，以单片机、CPLD/FPGA 以及 DSP 等大规模集成电路作为控制核心来实现焊接电源的部分或者全部数字化控制。综合数字化焊接电源的发展和现状，焊接电源的数字化主要体现在如下几个方面。

1）反馈控制环节的数字化。

2）信息输入和输出的数字化。

3）PWM 控制脉冲的数字化。

4）焊接工艺参数的存储和自动选择。

5）焊接电源接口的数字化。

能力知识点 4　数字化焊接电源产品介绍

作为焊接电源的发展趋势，国内外许多焊接设备生产企业都在致力于数字化焊接电源的技术开发工作，并且推出了成熟的产品，下面简单介绍几款市场上销售的数字化焊接电源产品。

1. 全数字逆变式脉冲 MIG/MAG 焊机 Pulse MIG 系列

该系列逆变式脉冲 MIG/MAG 焊机具有脉冲、恒压、焊条、氩弧和碳弧气刨五种焊接方式。可实现碳钢及不锈钢、铝及铝合金、铜及铜合金等有色金属的焊接。其实物如图 5-24 所示，主要性能特点如下。

1）全数字化控制系统，实现焊接过程的精确控制、弧长稳定。

2）全数字送丝控制系统，送丝精确、平稳。

3）系统内置焊接专家数据库，支持自动智能化参数组合。

4）操作界面友好，采用一元化调节方式，易于掌握。

5）焊接飞溅小，焊缝成形美观。

6）可存储 100 套焊接程序，节省操作时间。

7）特殊四步功能适合焊接导热性很好的金属，起弧、收弧时焊接质量好。

8）具有与焊接机器人和焊接专机连接的各种接口。

9）采用软开关逆变技术，可提高整机可靠性、节能省电。

10）双脉冲功能可获得美观的鱼鳞纹状焊缝外观。

11）可配数字焊枪，令调节更加快捷、方便。

12）该系列焊接电源的制造符合国家标准 GB/T 15579.1—2013。

图 5-24　全数字逆变式脉冲 MIG/MAG 焊机

2. 全数字 CO_2/MAG 焊机 YD—500GM

该焊机采用了基于双 CPU 控制+高速 CPLD 控制的数字化技术，以及成熟的焊接专家系统，通过数字技术和模拟技术的合理结合，实现了良好的焊接性和再现性。其实物如图 5-25 所示，主要性能特点如下。

1）它对多种焊接规范操作的切换更便捷，不仅可以在焊接面板上存储、调用焊接规范，还可以在遥控器上进行三种焊接规范的存储和调用操作，既减少调整操作时间，又方便焊接工艺的管理。

2）焊机内置多种焊接条件的成熟数据，具有碳钢/不锈钢、实心/药芯、CO_2/MAG/无脉冲 MIG 等 17 种焊接条件的配合专家系统参数设置，可满足多种焊接施工需求。

3）可快速地适应用户的特殊焊接工艺要求，全数字控制技术可实现无须改动硬件，只需通过对软件的修改和升级，即可柔性地适应个性化需求。

4）操作简单方便，数字化人机操作界面可以对焊接过程进行更精确、更直观、更多样化的设置。面板操作和遥控器均采用双旋钮操作，延续了传统的焊接规范调整操作方式，符合操作者使用习惯。

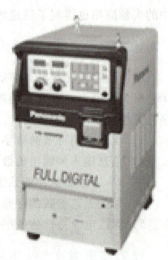

图 5-25　全数字 CO_2/MAG 焊机

5）支持功能扩展，标准配置下即具备与模拟专机配套的接口端子，能和专机配套进行自动焊接。

6）丰富的保护功能。具有短路保护、过热保护和电网异常保护功能。可通过数字显示器显示警报号并识别警报原因，并能记录警报履历。

3. 数字化 MIG/MAG 焊机 MAG-350L

该型数字化逆变式 MIG/MAG 焊机主要由 MAG-350L 焊接电源、ESS-500G（Mi）送丝机以及焊枪组成，具有低飞溅、恒压两种焊接方式，可以实现碳钢富氩、CO_2 气体保护焊。其实物如图 5-26 所示，主要性能特点如下。

1）具备全数字化控制系统，实现焊接过程的精确控制、弧长稳定。

2）具备全数字送丝控制系统，送丝精确、平稳。

3）系统内置焊接专家数据库，可实现自动智能化参数组合。

4）操作界面友好，采用一元化调节方式，易于掌握。

5）焊接飞溅小，焊缝成形美观。

6）可存储 100 套焊接程序，节省操作时间。

7）具有与焊接机器人和焊接专机连接的各种接口。

8）软开关逆变技术，可提高整机可靠性、节能省电。

图 5-26 数字化 MIG/MAG 焊机

4. TPS 系列数字化 MIG/MAG 焊机 TPS2700/4000/5000

该焊机实物如图 5-27 所示，主要性能特点如下。

1）采用 DSP 集中处理所有焊接数据，控制和监测整个焊接过程。

2）焊机内存 80 组焊接专家系统，实现一元化调节，焊接时只需输入工件板厚即可，极大地降低了对操作者的要求，也方便了焊接操作。

3）采用特殊的焊铝程序，解决了焊铝起弧处难熔合、焊后易形成弧坑和焊穿等问题。

4）数字化显示焊接电流、焊接电压、弧长、送丝速度、板厚/焊脚尺寸、焊接速度、JOB 记忆序号和电感量等参数。

5）焊机的升级在不用改动任何硬件的情况下即可用计算机实现焊机升级，升级内容包括增加特殊材料焊接程序、无飞溅引弧和双脉冲等，大大地减少了重复投资。

6）由于焊机大部分功能改由软件控制，因此减少了 40% 的电子元器件数量，降低了焊机的故障率。

7）集成了 MIG/MAG、TIG、手工焊和 MIG 钎焊多种焊接功能。

8）可支持碳钢、镀锌板和不锈钢的焊接，尤其适合铝合金的焊接。

图 5-27 TPS 系列数字化 MIG/MAG 焊机

5. Auto-Axcess 300/450/750

该焊机实物如图 5-28 所示,其主要性能特点如下。

1)可用于机器人自动化,可实现数字控制技术和逆变焊接电源及机器人接口的无缝结合。

2)自动连接(Auto-LineTM)。使焊机可在任意电压(190~630V)下自动连接,在初级电压波动时可确保稳定一致的输出。

3)72 针接头。可实现与通常的模拟机器人控制器快速、方便地连接。

4)MIG 焊接程序。包括 Accu-PulseTM、标准或自适应脉冲、传统 MIG 和金属粉芯焊丝焊接程序。

5)Accu-PulseTM MIG 工艺。该工艺可对大焊缝和空间受限的角焊实现精密的电弧控制。

图 5-28 Auto-Axcess 300/450/750

6)SureStartTM 技术。通过精确控制适用于特定焊丝和气体配比的电流大小,实现一致的电弧起动。

7)可选软件:RMDTM(Regulated Metal Deposition)、基于 PalmTM OS® 的 AxcessTM(文件管理)和 WaveWriteTM(文件管理+波形程序)。

6. OrigoTig3000i 交直流氩弧焊机

该焊机实物如图 5-29 所示,其主要性能特点如下。

1)起弧容易(高频电压达 110kV),电流输出稳定可靠(4~300A)。

2)采用 Qwave 技术,使电弧在极小的输出时能有稳定的电弧,同时降低噪声。

3)TA24 操作面板简单而且带有图示,可以形象化地设置脉冲基值、电流缓升、缓降、峰值和周期等。

4)采用 ESAB 双程序功能,可让焊接前预设程序和实际焊接过程中调整和改变程序成为现实,从而解决了一直困扰焊工难以操作进口焊机的问题,节约了设置时间,提高了生产率。

图 5-29 OrigoTig3000i 交直流氩弧焊机

【综合训练】

简答题

1. 简述现代焊接技术的发展趋势。
2. 数字化焊机技术主要包括哪三个方面?
3. 综合数字化焊接电源的发展和现状,焊接电源的数字化主要体现在哪几个方面?
4. 全数字脉冲 MIG/MAG 焊机 Pulse MIG 系列有哪些主要特点?
5. 数字化 MIG/MAG 焊机 MAG-350L 有哪些主要特点?

单元小结

1) 从直流到交流的变换称为逆变，实现这种变换的装置称为逆变器。为焊接电弧提供电能，并具有弧焊方法所要求性能的逆变器，即为弧焊逆变器。

2) 弧焊逆变器由主电路、电子控制系统、反馈给定系统组成。

3) 弧焊逆变器主电路的基本工作原理，可以归纳为：工频交流电→直流电→高、中频交流电→降压→交流电再次变成直流电，必要时还会再把直流电变成矩形波交流电。

在弧焊逆变器中采用的三种逆变体制：

① AC→DC→AC。

② AC→DC→AC→DC。

③ AC→DC→AC→DC→AC（矩形波）。

4) 根据各种弧焊工艺方法的要求，通过电子控制电路的电弧电压反馈、电弧电流反馈，弧焊逆变器可以获得各种形状的外特性，适用于各种焊接方法。

弧焊逆变器焊接工艺参数的调节方法有三种：

① 定脉宽调频率：通常晶闸管式弧焊逆变器就是采用这种焊接工艺参数调节方法的。

② 定频率调脉宽：晶体管式、场效应晶体管式弧焊逆变器都适用于这种焊接工艺参数调节方法。

③ 混合调节：这是调频率和调脉宽相结合的调节方式。

5) 弧焊逆变器具有高效节能、体积小、质量小、动特性良好和弧焊工艺性能良好的特点，可用微机或单旋钮控制调节焊接工艺参数，设备费用较低。

弧焊逆变器按大功率开关器件可以分为：

① 晶闸管式弧焊逆变器。

② 晶体管式弧焊逆变器。

③ 场效应晶体管式弧焊逆变器。

④ IGBT 式弧焊逆变器等。

弧焊逆变器由于具有优良的电气性能和良好的控制性能，因此可用于焊条电弧焊、TIG 焊、MAG/CO_2/MIG/药芯焊丝焊、等离子弧焊与切割、埋弧焊和机器人焊接等各种焊接方法。

6) 以快速晶闸管（SCR）为逆变主电路的大功率高压开关管，通过其触发延迟角来控制的弧焊逆变器，称为晶闸管式弧焊逆变器。

7) 采用晶体管作功率开关器件的弧焊逆变器称为晶体管式弧焊逆变器。

晶体管式弧焊逆变器的工作频率较高，因而既无噪声的影响，又有利于进一步减小弧焊电源的质量和体积。其采用"定频率调脉宽"的方式调节焊接工艺参数和外特性，可以无级调节焊接工艺参数，不必分档调节，操作方便。晶体管式弧焊逆变器采用电流型控制，从基极电流控制晶体管的开关，控制性能好，不存在通易关难的问题，而且控制比较灵活、受主电路参数影响较小；然而晶体管式弧焊逆变器成本较高，晶体管也存在二次击穿问题，其控制驱动功率较大，需要设驱动电路。

8) 在晶体管式弧焊逆变器的基础上，采用大功率场效应晶体管组取代功率开关晶体管组,即为场效应晶体管式弧焊逆变器。

场效应晶体管式弧焊逆变器控制功率极小,工作频率高(可达到40kHz以上,甚至超过100kHz),而且开关过程的损耗很小,有利于提高逆变器的效率和减小体积。其多管并联工作相对较易实现,过载能力强,热稳定性能好。但同时管子的容量较小,成本较高。

场效应晶体管式弧焊逆变器可以输出直流、脉冲和矩形波交流焊接电流,它不仅可以应用于量大面广的焊条电弧焊、钨极氩弧焊、熔化极气体保护焊、等离子弧焊和切割,还可以用于半自动焊、自动焊及机器人焊接等。

9)IGBT式弧焊逆变器虽然克服了场效应晶体管式弧焊逆变器的一些缺点,但它的逆变频率没有场效应晶体管式高,因此二者各有特色,成为目前并举发展和大面积推广应用的弧焊电源。

10)数字化焊接电源:所谓数字化焊接电源,就是在电子式焊接电源的基础上,以单片机、CPLD/FPGA以及DSP等大规模集成电路作为控制核心来实现焊接电源的部分或者全部数字化控制。综合数字化焊接电源的发展和现状,焊接电源的数字化主要体现在如下几个方面。

① 反馈控制环节的数字化。
② 信息输入和输出的数字化。
③ PWM控制脉冲的数字化。
④ 焊接工艺参数的存储和自动选择。
⑤ 焊接电源接口的数字化。

[焊接工匠]

曾正超,男,汉族,1995年12月出生,中共党员。2015年,曾正超夺得第43届世界技能大赛焊接项目冠军,为中国在该项目上摘得"首金",被授予"国家最优选手"奖。作为焊接领域的高技能人才,他先后获得中央企业青年先锋、全国技术能手、全国青年岗位能手、全国冶金建设行业高级技能专家等荣誉,享受国务院政府特殊津贴。

世赛焊接项目金牌得主曾正超:用实力"焊接"梦想

他远赴巴西圣保罗参加第43届世界技能大赛,一举夺得焊接项目金牌,为中国代表团实现了该项赛事金牌零的突破;他年纪轻轻,就被四川省人民政府授予"四川省劳动模范"荣誉称号。他就是曾正超,中国十九冶工业建设分公司的一名"90后"工人。

1995年12月,曾正超出生在四川省攀枝花市米易县撒莲镇。从上学起,曾正超的父母就一直对他寄予厚望,希望他能够好好学习,将来考上大学,毕业后找到一份稳定的工作。

"但是我自己觉得,家里面的经济条件一直不太好,我不如早点去上班挣钱,这样也能为家里减轻负担。"因此,初中刚一毕业,曾正超就离开了农村老家,来到了十九冶高级技工学校学习电焊,"其实当时我只想着,一定要掌握一门实用的技术,给自己长本事。"

进校之初,由于之前没有任何电焊基础,曾正超的焊接水平不尽如人意。为尽快提高自己的技术能力,曾正超不放过任何一个训练机会,甚至到了休息时间,其他孩子纷纷玩起手机时,他还在专心致志地坚持训练。这一切,被焊接师傅周树春看在眼里,记在心里。

当时的周树春,是中冶集团的首席技师,也是世界技能大赛中国队的焊接教练。由于在之前的第42届世界技能大赛上中国队没能拿到金牌,他心里一直憋着一股劲儿,要给中国队培养出几个优秀的人才。"焊接的火候都是在手上,要求干活又稳又准。别看曾正超这孩子年纪小,但他却有着干好焊接最需要的沉稳。"周树春说。

2013年,因表现优异,曾正超被派到孟加拉国,开展项目突击,并积累了大量的实践经验。当年年底,他参加了第43届世界技能大赛的选拔,凭借着过硬的本领,一路过关斩将,最终成为代表中国出征的人选。之后,他到北京参加集训,每天上午8点开始训练,一直持续到深夜。

"训练的强度是比较大的。因为技能大赛的内容比较多,我们平时训练就必须每一个环节都要准备好。记得赛前一个月,有一台从外国定制的设备运到了北京。我和我的团队看不懂英文,于是就利用业余时间上网查单词记单词。刚开始操作的时候总是出问题,我自己在内心里都做好放弃的准备了。幸运的是,我最终还是咬牙坚持了下来。短短1个月的时间,我瘦了6斤。"曾正超说。

宝剑锋从磨砺出。2015年8月,曾正超在第43届世界技能大赛上凭借精湛的技艺,以无可挑剔的成绩,一举夺得焊接项目冠军。回国后,有人问起他奖金怎么使用时,他说一定要好好孝敬父母亲,"父母虽没有给我家财万贯,却教给我要踏踏实实做人的道理。"

如今的曾正超,已经不再是当年的毛头小伙,他对自己的未来有着明确的规划:"下一步,我打算更多到施工一线去,学习一线的经验。有机会的话,我希望能够深造一下,多学一些理论知识。等将来干不了一线的时候,我要像师傅周树春那样,为国家培养更多的人才。"

模块3　弧焊设备及操作

第6单元

常用弧焊设备

综合知识模块1　埋弧焊设备

埋弧焊具有生产效率高、焊接机械化程度高、焊缝质量好及操作者劳动条件好等一系列优点,是目前被广泛使用的一种电弧焊方法。

能力知识点1　埋弧焊机的功能及分类

1. 埋弧焊机的主要功能

电弧焊的焊接过程包括引弧、焊接和熄弧三个阶段。进行焊条电弧焊时,这三个阶段都是由焊工手工操作完成的,而埋弧焊却全部由机械设备自动来完成。为此,埋弧焊机应具有以下主要功能。

1) 建立焊接电弧,向焊接电弧供给电能。
2) 连续不断地向焊接区送进焊丝,并自动保持确定的弧长和工艺参数不变,使电弧稳定燃烧。
3) 使电弧沿接缝移动,并保持确定的行走速度。
4) 在电弧前方不断地向焊接区铺撒焊剂。
5) 控制焊机的引弧、焊接和熄弧停机的操作过程。

2. 埋弧焊机的分类

埋弧焊机按送丝方式可分为等速送丝式和变速送丝式两种;按行走机构形式可分为焊车式、悬挂式、车床式、悬臂式和门架式等几种。常用国产埋弧焊机主要技术数据见表6-1。

表6-1　常用国产埋弧焊机主要技术数据

技术规格＼型号	NZA-1000	MZ-1000	MZ1-1000	MZ2-1500	MZ3-500	MU-2×300	MU1-1000
送丝方式	变速送丝	等速送丝					变速送丝
焊机结构特点	埋弧、明弧两用车	焊车		悬挂式自动机头	电磁爬行焊车	堆焊专用焊机	
焊接电流/A	200~1200	400~1200	200~1200	400~1500	180~600	160~300	400~1000
焊丝直径/mm	3~5	3~6	1.6~5	3~6	1.6~2	1.6~2	焊带宽30~80,厚0.5~1

（续）

型号 技术规格	NZA-1000	MZ-1000	MZ1-1000	MZ2-1500	MZ3-500	MU-2×300	MU1-1000
电流种类	直流	交流/直流两用				直流	
送丝速度 /cm·min^{-1}	50~600	50~200	37~670	47~375	180~700	160~540	25~100
焊接速度 /cm·min^{-1}	3.5~130	25~117	26.7~210	22.5~187	16.7~108	32.5~58.3	12.5~58.3
送丝速度 调整方法	用电位器 无级调速	用电位器 调节直流 电动机转速	调换齿轮	调换齿轮	用自耦变压 器无级调 节直流电 动机转速	调换齿轮	用电位器 无级调节 直流电动 机转速

能力知识点 2　埋弧焊机的自动调节原理

埋弧焊时，按下"起动"按钮后，焊机按设定的焊接工艺参数进行焊接，焊接参数（特别是电弧电压和焊接电流）越稳定，焊缝质量越好。但是在焊接过程中，某些外界因素的干扰会使焊接工艺参数偏离设定值，发生波动。例如由于焊件不平整或装配不良使弧长波动，造成电弧电压发生变化；焊机供电网络中其他大容量设备的突然起动或停止造成电网电压波动，使焊接电源外特性发生变化等。

当埋弧焊过程受到上述干扰时，操作者往往来不及或不可能采取调整措施。因此，埋弧焊机除了应具有各种动作功能外，还应具有自动调节的能力，以消除或减弱外界因素干扰的影响，保证焊接质量的稳定。埋弧焊机的自动调节按送丝方式的不同可分为两种调节系统：等速送丝式焊机采用电弧自身调节系统；变速送丝式焊机采用电弧电压反馈自动调节系统。

能力知识点 3　典型埋弧焊机

目前国内使用最普遍的埋弧焊机是 MZ-1000 型。它采用发电机-电动机反馈调节器组成自动调节系统，是一种变速送丝式埋弧焊机。这种埋弧焊机适合于水平位置或与水平面倾斜不大于 15° 的各种有或无坡口的对接、角接和搭接接头的焊接，也可借助滚轮转胎焊接圆筒形焊件的内外环缝。

MZ-1000 型埋弧焊机主要由自动焊车、控制箱和焊接电源三部分组成，相互之间由焊接电缆和控制电缆连接在一起。

1. 自动焊车

MZ-1000 埋弧焊机配用的焊车是 MZT-1000 型，它由送丝机构、行走小车、机头调节机构、控制盒、导电嘴、焊丝盘和焊剂漏斗等部分组成。

(1) 送丝机构　它包括送丝电动机、传动系统、送丝滚轮和矫直滚轮等，如图 6-1 所示。送丝机构应能可靠地送进焊丝并具有较宽的调速范围，以保证电弧稳定。送丝电动机 1 经一对圆柱齿轮 2 和一对蜗杆 3 减速后带动送丝滚轮 6 和 7 转动送丝，焊丝夹紧在滚轮之间，夹紧力的大小可以通过调节螺钉、弹簧和摇杆 5 进行调节。为防止送丝打滑，可利用圆柱齿轮 4 使送丝滚轮 6 和 7 均为主动轮（双主动式）。焊丝由送丝滚轮送出后还需经矫直滚轮矫直再进入导电嘴，并由此处接通电源。

（2）行走小车　它包括行走电动机、传动系统、行走轮及离合器等，如图6-2所示。行走电动机1经两级蜗杆减速后带动小车的两个行走轮3和7转动。行走轮一般采用橡胶绝缘轮，以免焊接电流经车轮而短路。传动系统与行走轮之间设有爪形离合器6，它可通过手柄5操纵。当离合器脱离时可用手推动小车以对准焊接位置，而当它合上时则可由电动机驱动进行焊接。

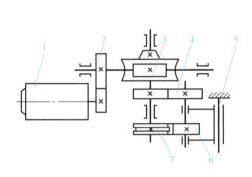

图6-1　送丝机构示意图

1—送丝电动机　2、4—圆柱齿轮　3—蜗
杆　5—摇杆　6、7—送丝滚轮

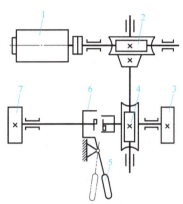

图6-2　行走小车示意图

1—行走电动机　2、4—蜗杆　3、7—行
走轮　5—手柄　6—爪形离合器

（3）机头调节机构　它可使焊机适应各种位置焊缝的焊接，并使焊丝对准接缝位置。为此，焊接机头应有足够的调节自由度。MZT-1000型焊车的机头调节自由度及调节范围如图6-3所示。

（4）导电嘴　其作用是引导焊丝的传送方向，并可靠地将电流输导到焊丝上。导电嘴既要有良好的导电性，也要有良好的耐磨性，一般由耐磨铜合金制成。常见的导电嘴结构有滚动式、夹瓦式和管式，如图6-4所示。

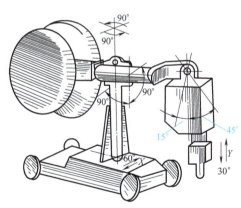

图6-3　MZT-1000型焊车的
机头调节自由度及调节范围

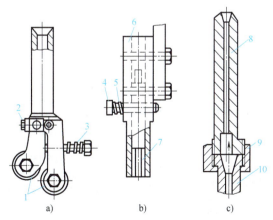

图6-4　导电嘴结构示意图

a）滚动式　b）夹瓦式　c）管式

1—导电滚轮　2、4—旋转螺钉　3、5—弹簧　6—接触夹瓦
7—可换衬瓦　8—导电杆　9—螺母　10—导电嘴

2. 控制箱

MZ-1000 型埋弧焊机配用的控制箱是 MZP-1000 型。控制箱内装有发电机-电动机组、接触器、中间继电器、变压器、整流器、电阻和开关等，与焊车上的控制部件配合使用，实现自动送丝、焊车拖动控制、程序自动控制（主要是引弧和熄弧控制）及电弧电压反馈自动调节。

3. 焊接电源

MZ-1000 型埋弧焊机可配备交流或直流电源，焊接电源应具有下降的外特性。配备交流电源时，一般采用 BX2-1000 型同体式弧焊变压器；配备直流电源时，可采用 ZXG-1000 型或 ZDG-1000 型弧焊整流器。

能力知识点 4　埋弧焊机的维护、常见故障及维修

1. 埋弧焊机的维护保养

为保证焊接过程正常进行，提高生产率和焊接质量，延长焊机的使用寿命，减少事故的发生及维修的工作量，应正确使用焊机并对焊机进行经常性的保养维护。

1）安装埋弧焊机时，严格按照说明书中的要求进行安装。

2）保持焊机的清洁，保证焊机在使用过程中各部分动作灵活，避免焊剂、渣壳碎末阻塞活动部件。

3）保持导电嘴与焊丝接触良好，若不良好应及时更换，以免电弧不稳。

4）定期检查送丝滚轮磨损情况，并及时更换。

5）定期对小车送丝机构减速器内各运动部件加注润滑油。

6）焊机所有电缆的接头部分要保证接触良好。

2. 埋弧焊机常见故障及维修

只有熟悉焊机的结构、工作原理和使用方法，才能正确地使用焊接并及时地排除各种故障。埋弧焊机的常见故障及维修方法见表 6-2。

表 6-2　埋弧焊机常见故障及维修方法

故障现象	产生原因	维修方法
焊接电路接通时，电弧未引燃，而焊丝粘在焊件上	焊丝与焊件之间接触太紧	使焊丝与焊件轻微接触
导电嘴末端随焊丝一起熔化	1）电弧太长，焊丝伸出太短 2）焊丝送给和焊车都停止，电弧仍在燃烧 3）焊接电流太大	1）增大送丝速度和焊丝伸出长度 2）检查焊丝和焊车停止原因 3）减少焊接电流
当按下焊丝"向下""向上"按钮时，焊丝不动或动作不对	1）控制电路有故障 2）电动机方向接反 3）发电机或电动机电刷接触不好	1）检查上述部件并修复 2）调整三相感应电动机输入接线 3）更换电刷
焊接过程中一切正常，而焊车突然停止行走	1）小车离合器脱开 2）小车轮被电缆等物体阻挡	1）关紧离合器 2）排除车轮的阻挡物
按下"起动"按钮后，继电器动作，而接触器不能正常动作	1）中间继电器失灵 2）接触器线圈有故障，接触器电磁铁的接触面生锈或污垢太多	1）检修中间继电器 2）检修接触器

(续)

故障现象	产生原因	维修方法
焊机起动后焊丝末端周期性地与焊件"粘住"或常常断弧	1) 电弧电压太低,焊接电流太小 2) 电弧电压太高,焊接电流太大 3) 电网电压太高	1) 增加电弧电压或焊接电流 2) 减小电弧电压或焊接电流 3) 改善电网负荷状态
焊丝没有与焊件接触,焊接回路却有电	焊接小车与工件间的绝缘被破坏	1) 检查小车车轮绝缘情况 2) 检查小车下面是否有金属与焊件短路
焊接过程中电流不稳,焊缝成形不良	1) 焊接规范不合适 2) 导电嘴与焊丝接触不良 3) 送丝压力太松或太紧	1) 调整好焊接规范 2) 更换导电嘴 3) 找出是机械还是电气方面的问题
焊接停止后,焊丝与焊件粘住	1) "停止"按钮按下速度太快 2) 不先按下"停止1"按钮直接按下"停止2"按钮	1) 慢慢按下"停止"按钮 2) 先按"停止1"按钮,待电弧自然熄灭后再按"停止2"按钮
焊丝在导电嘴中摆动,导电嘴以下的焊丝不时变红	1) 导电嘴磨损 2) 导电不良	更换导电嘴
按下"起动"按钮,电路正常工作,但引不起弧	1) 焊接电源未接通 2) 电源接触器接触不良 3) 焊丝与焊件接触不良 4) 焊接电路无电压	1) 接通焊接电源 2) 检查修复接触器 3) 使焊丝与焊件轻微接触

【综合训练】

简答题

1. 埋弧焊机必须具备哪些功能?
2. 埋弧焊机主要由哪几部分组成?其大致结构是什么样的?

综合知识模块2　熔化极气体保护焊设备

熔化极气体保护焊按保护气体种类和焊丝的不同可分为稀有气体保护焊(MIG)、氧化性混合气体保护焊(MAG)、CO_2气体保护焊和药芯焊丝气体保护焊(FCAW)四种。熔化极气体保护焊设备可分为半自动焊和自动焊两种类型。焊接设备主要由焊接电源、送丝系统、焊枪及行走系统(自动焊)、供气系统、水冷系统和控制系统等部分组成,如图6-5所示。

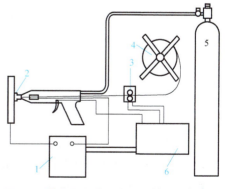

图6-5　熔化极气体保护电弧焊设备的组成
1—焊接电源　2—保护气体　3—送丝轮
4—送丝机构　5—气源　6—控制装置

能力知识点1　焊接电源

熔化极气体保护焊通常配用直流焊接电源,采用直流反接以减少飞溅。焊接电源的额定功率取决于不同用途所要求的电流范围,通常在15~500A之间,特殊应用时可达到1500A。电源的负载持续率为60%～100%；空载电压为55～85V。

当保护气体为稀有气体、氧化性混合气体及焊丝直径小于1.6mm时，广泛采用平特性电源、等速送丝系统，在焊接中通过改变电源的外特性来调节电弧电压；通过改变送丝速度来调节焊接电流。当焊丝直径大于2.0mm时，一般采用下降外特性电源、变速送丝系统，在焊接中通过调节电源外特性来调节焊接电流，通过调节送丝系统的给定电压来调节电弧电压。

能力知识点2 送丝系统

送丝系统通常由送丝机构（包括电动机、减速器、校直轮和送丝轮）、送丝软管及焊丝盘等组成。熔化极气体保护焊的焊机送丝系统根据其送丝方式的不同，通常可分为四种类型。

1. 推丝式

推丝式送丝系统是半自动熔化极气体保护焊应用最广泛的送丝系统之一。这种送丝方式的焊枪结构简单、轻便、操作维修都比较方便，如图6-6a所示。但这种送丝方式的焊丝要经过一段较长的送丝软管，焊丝的送丝阻力较大。特别是焊丝较细（直径小于0.8mm）时，随着软管的加长，送丝阻力加大，送丝的稳定性变差。一般钢焊丝软管的长度为3～5m，铝焊丝的软管长度不超过3m。

2. 拉丝式

拉丝式送丝系统有三种形式：一种是将送丝机构安装在焊枪内，焊丝盘和焊枪分开，两者通过送丝软管连接，如图6-6b所示。另一种是将焊丝盘、送丝机构直接安装在焊枪上，如图6-6c所示。这两种形式都适用于细丝半自动焊，但相应的焊枪较重，操作不灵活，加重了焊工的劳动强度。还有一种是焊丝盘、送丝机构与焊枪分开，如图6-6d所示。这种送丝方式一般用于自动熔化极气体保护焊。

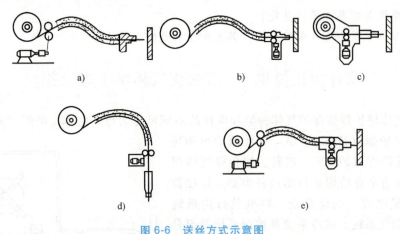

图6-6 送丝方式示意图
a) 推丝式 b)、c)、d) 拉丝式 e) 推拉丝式

3. 推拉丝式

这种送丝系统的特点是在推丝式焊枪上加装了微型电动机作为拉丝动力，如图6-6e所示。推丝电动机是主要的送丝动力，拉丝电动机的主要作用是保证焊丝在送丝软管中始终处于轻微的拉伸状态，减少焊丝由于弯曲在软管中产生的阻力。推拉丝的两个动力在调试过程中要形成配合，尽量做到同步，但以推为主。这种送丝方式的送丝软管最长可以加长到15m

左右,扩大了半自动焊的操作距离。

4. 行星式(线式)

行星式送丝系统是根据"轴向固定的旋转螺母能轴向推送螺钉"的原理设计的,如图6-7所示。三个互为120°的滚轮交叉地安装在一块底座上,组成一个驱动盘。驱动盘相当于螺母,通过三个滚轮中间的焊丝相当于螺钉。三个滚轮与焊丝之间有一个预先调定好的螺旋角。当电动机控制主轴带动驱动盘旋转时,三个滚轮即向焊丝施加一个轴向的推力,将焊丝向前推送。送丝过程中,三个滚轮在围绕焊丝公转的同时又绕着自己的轴自转。调节电动机的转速即可调节焊丝的送进速度。这种送

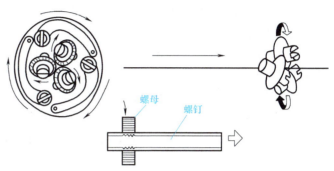

图6-7 行星式送丝系统工作原理

丝机构可一级一级地串联起来使用而成为线式送丝系统,使送丝距离更长(可达60m)。

能力知识点3 焊枪

熔化极气体保护焊的焊枪分为半自动焊焊枪和自动焊焊枪。

1. 半自动焊焊枪

半自动焊焊枪按冷却方式可分为气冷式和水冷式;按结构形式可分为手枪式和鹅颈式。手枪式焊枪适用于较大直径的焊丝,它对冷却效果要求较高,因而采用内部循环水冷却。但因手枪式焊枪的重心不在手握部分,操作时不太灵活。鹅颈式焊枪适合于小直径的焊丝,其重心在手握部分,操作灵活方便,使用较广。图6-8所示为这两种焊枪的典型结构示意图。

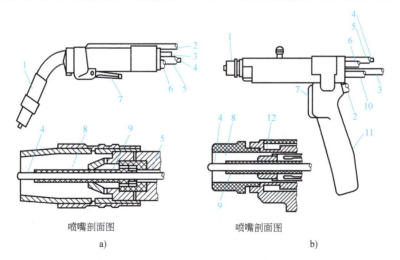

图6-8 典型半自动焊焊枪结构示意图
a)鹅颈式(气冷) b)手枪式(水冷)
1—喷嘴 2—控制电缆 3—导气管 4—焊丝 5—送丝导管 6—电源输入口
7—开关 8—保护气体 9—导电嘴 10—进水管 11—手柄 12—冷却水

其组成如下。

（1）导电部分　导电部分把焊接电源连接到焊枪后端，使电流通过导电杆、导电嘴导入焊丝。导电嘴是一个较重要的零件，要求导电嘴材料导电性好、耐磨性好、熔点高。通常采用纯铜，最好是锆铜。

（2）导气部分　在导气部分中，保护气体从焊枪导气管进入焊枪后先进入气室，这时气流处于紊流状态。为了使保护气体形成流动方向和速度趋于一致的层流，在气室接近出口处安装具有网状密集小孔的分流环。保护气体流经的最后部分即焊枪的喷嘴部分。喷嘴按材质分有陶瓷喷嘴和金属喷嘴。

（3）导丝部分　焊丝经过焊枪时的阻力越小越好。对于鹅颈式焊枪，要求鹅颈角度合适，鹅颈过弯时则阻力过大而不易送丝。

2. 自动焊焊枪

自动焊焊枪的主要作用与半自动焊焊枪相同，其常见结构如图6-9所示。自动焊焊枪固定在机头上或行走机构上，经常在大电流情况下使用，除要求其导电部分、导气部分及导丝部分性能良好外，为了适应大电流、长时间连续焊接，要采用水冷装置。

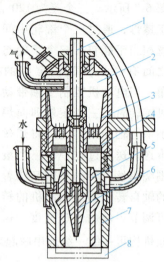

图6-9　自动焊焊枪结构示意图

1—铜管　2—镇静室　3—导流体　4—铜筛网　5—分流环　6—导电嘴　7—喷嘴　8—帽盖

能力知识点4　供气及水冷系统

1. 供气系统

供气系统一般由气源（高压气瓶）、减压阀、流量计和气阀组成。对于CO_2气体，通常需要安装预热器、高压干燥器和低压干燥器，如图6-10所示。对于熔化极活性混合气体保护电弧焊，需要安装气体混合装置。

（1）减压阀　减压阀用来将气瓶内的高压气体降低到焊接所需的压力，并维持压力的恒定，每种气体都有自己专用减压阀。

（2）流量计　流量计用来标定和调节保护气体的流量大小，通常采用转子流量计。转子流量计的读数是用空气作为介质来标定的，而各保护气体的密度与空气的不同，所以实际的流量与流量计标定的有些差异。要想准确地知道实际气体的流量大小必须进行换算。

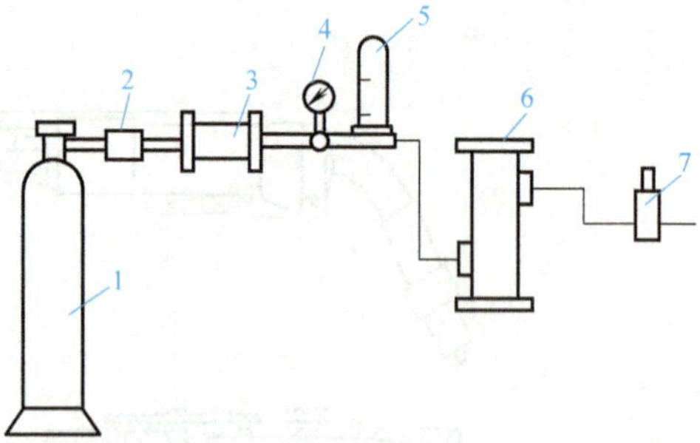

图6-10　供气系统示意图

1—气瓶　2—预热器　3—高压干燥器　4—气体减压阀　5—气体流量计　6—低压干燥器　7—气阀

（3）气阀　气阀是用来控制保护气体暂时通断的部件，包括机械气阀和电磁气阀，其中电磁气阀应用比较广泛，焊接时由控制系统自动完成保护气体的通断。

（4）预热器　CO_2气瓶中混有一定的水分，CO_2气体在减压时，气体温度降低，易使气体中混有的水分在钢瓶出口处及减压表中结冰，堵塞气路。因此，在减压前要用预热器将CO_2气体预热。预热器一般装在钢瓶出口处，且开气瓶前应先将预热器通电加热。

(5) 干燥器　为了最大限度地减少 CO_2 气体中的含水量，供气系统中一般设有干燥器。干燥器分为装在减压阀之前的高压干燥器和装在减压阀之后的低压干燥器两种，可根据钢瓶中 CO_2 气纯度选用其中之一或二者都用。如果 CO_2 气纯度较高，能满足焊接生产的要求，也可不设干燥器。

2. 水冷系统

水冷式焊枪的水冷系统由水箱、液压泵、冷却水管及水压开关组成。水箱里的冷却水经冷却水泵流过冷却水管，经水压开关后流入焊枪，然后经冷却水管再回流入水箱，形成冷却水循环。也有不需水箱、冷却水泵的直排式非循环水冷却系统。显然，非循环水冷却系统将造成大量的冷却水浪费。水冷却系统中的水压开关将保证冷却水未流经焊枪或流经的水量不足时，焊接系统不能起动，以免由于冷却不合格而烧坏焊枪。

能力知识点 5　控制系统

熔化极气体保护焊设备的控制系统由基本控制系统和程序控制系统组成。

1. 基本控制系统

基本控制系统主要包括：焊接电源输出调节系统、送丝速度调节系统、焊车（或工作台）行走速度调节系统（自动焊）和气流量调节系统。它们的作用是在焊前或焊接过程中调节焊接电流或电压、送丝速度、焊接速度和气流量的大小。

2. 程序控制系统

程序控制系统主要作用如下。

1）控制焊接设备的起动和停止。
2）控制气阀动作，实现提前送气和滞后停气，使焊接区受到良好的保护。
3）控制水压开关动作，保证焊枪受到良好的冷却。
4）控制引弧和熄弧。

当焊接起动开关闭合后，整个焊接过程按照设定的程序自动进行。

能力知识点 6　CO_2 气体保护焊焊机的使用维护及常见故障的排除

焊机的正确使用、保养和维修是保证焊机有良好的工作性能及延长焊机寿命的重要措施。

1. CO_2 气体保护焊焊机的维护保养

1）焊机应按其外部接线图正确安装，焊机外壳必须可靠接地。
2）操作者必须掌握焊机的一般构造、电气原理和使用方法。
3）要经常检查送丝软管工作情况，以防被污垢堵塞。
4）应经常检查导电嘴的磨损情况并及时更换磨损大的导电嘴，以免影响焊接电流的稳定。
5）施焊时要及时清除喷嘴上的金属飞溅物。
6）经常检查送丝滚轮的压紧情况和磨损程度，及时更换已磨损的送丝滚轮。
7）经常检查供气系统工作情况，防止漏气、焊枪分流环堵塞、预热器及干燥器工作不正常等情况，保证气流均匀通畅。
8）当焊机较长时间不用时，应将焊丝从软管中退出，以免日久生锈。

9）工作完毕或因故离开时要关闭气路，切断一切电源。

2. CO_2 气体保护焊焊机的常见故障及维修方法

CO_2 气体保护焊焊机常见故障及维修方法见表 6-3。

表 6-3　CO_2 气体保护焊焊机的常见故障及维修方法

故障现象	产生原因	维修方法
焊丝进给不均匀	1）送丝电动机电路故障 2）变速器故障 3）送丝滚轮压力不当或磨损 4）送丝软管接头处堵塞或内层弹簧管松动 5）焊枪导电部分接触不好或导电嘴孔径大小不合适 6）焊丝绕制不好，时松时紧或有弯折	1）检修电动机电路 2）检修变速器 3）调整送丝滚轮压力或更换 4）清洗或修理软管 5）检修或更换导电嘴 6）调直焊丝
焊接过程中熄弧和焊接工艺参数不稳	1）导电嘴打弧烧坏 2）焊丝的送丝不均匀，导电嘴磨损过大 3）焊接工艺参数不合适 4）工件和焊丝不清洁，接触不良 5）焊接电路有元器件接触不良 6）送丝滚轮磨损	1）更换导电嘴 2）检查送丝系统，更换导电嘴 3）调整焊接工艺参数 4）清理工件和焊丝 5）检查电路元器件及导线连接 6）更换滚轮
焊丝停止送进和送丝电动机不转	1）送丝滚轮打滑 2）焊丝与导电嘴熔合 3）焊丝弯曲并卡在焊丝进口管处 4）熔丝烧断 5）电动机电源变压器损坏 6）电动机电刷磨损 7）焊枪开关接触不良或控制电路断路 8）控制继电器烧坏或触点烧损 9）调速电路故障	1）调整送丝滚轮压力 2）连同焊丝拧下导电嘴并更换 3）退出焊丝，将弯曲处剪下 4）更换熔丝 5）检修或更换变压器 6）更换电刷 7）检修并接通电路 8）换继电器或修理触点 9）检修电路
焊丝在送丝滚轮和软管进口间发生弯曲和打结	1）弹簧管内径太小或阻塞 2）送丝滚轮离软管接头进口太远 3）送丝滚轮压力太大，焊丝变形 4）焊丝与导电嘴配合太紧 5）软管接头内径太大或磨损严重 6）导电嘴与焊丝粘住或熔合	1）清洗或更换弹簧管 2）移近距离 3）适当调整压力 4）更换导电嘴 5）更换接头 6）更换导电嘴
气体保护不良	1）电磁气阀故障 2）电磁气阀电源故障 3）气路阻塞 4）气路接头漏气 5）喷嘴因飞溅而阻塞 6）减压表冻结	1）修理电磁气阀 2）检修电磁气阀电源 3）检查气路导管 4）紧固气路接头 5）清除飞溅物 6）查清减压表冻结原因
电压失调	1）三相多线开关损坏 2）继电器触点或线包烧损 3）电路接触不良或断路 4）变压器烧损或抽头接触不良 5）移相和触发电路故障 6）大功率晶体管击穿	1）检修或更换开关 2）检修或更换继电器或线包 3）用万用表逐级检查电路并修复 4）检修变压器 5）检修或更换相关电路 6）用万用表检查并更换晶体管

【综合训练】

简答题

1. 熔化极气体保护焊由哪些部分组成？送丝系统有哪几种方式？
2. CO_2 气体保护焊设备的控制系统通常包括几部分？各部分应满足哪些要求？
3. CO_2 气体保护焊焊机的保养和维护应该注意哪些问题？
4. 分析钨极氩弧焊采用陡降外特性的原因。

综合知识模块 3　钨极氩弧焊设备

钨极氩弧焊是以高熔点的纯钨或钨合金作电极，以氩气作保护气体的非熔化极稀有气体保护电弧焊，主要用于铝、镁等有色金属及其合金的焊接。钨极氩弧焊设备是由焊接电源、引弧及稳弧装置、焊枪、供气系统、水冷系统和焊接控制系统等部分组成。对于自动钨极氩弧焊还应增加小车行走机构和送丝装置。图 6-11 所示为手工钨极氩弧焊设备系统示意图，其中控制箱内包括了引弧及稳弧装置、焊接程序控制系统等。

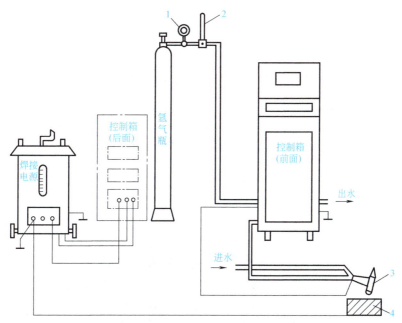

图 6-11　手工钨极氩弧焊设备系统示意图
1—减压表　2—流量计　3—焊枪　4—焊件

能力知识点 1　焊接电源

钨极氩弧焊焊接电源按焊接电流的种类可分为直流、交流和脉冲电源三种形式，一般根据被焊材料的特点来进行选择。无论是交流还是直流，钨极氩弧焊要求采用具有陡降或恒流外特性的电源，以减小或排除因弧长变化而引起的焊接电流的波动，保证焊缝的熔深均匀。

直流正接用于除铝、镁等易氧化金属以外的其他金属的焊接，直流反接用于铝、镁等易氧化金属薄件的焊接。在生产实践中，焊接铝、镁及其合金一般采用交流电源。部分国产钨极氩弧焊焊机的主要技术数据及适用范围见表6-4。

表6-4 部分国产钨极氩弧焊焊机的主要技术数据及适用范围

名称及型号 技术数据	自动钨极氩弧焊焊机				手动钨极氩弧焊焊机			
	NZA6-30	NZA2-300	NZA3-300	NZA-500	WSM-63	NSA-120-1	WSE-160	NSA-300
电源电压/V	380	380	380	380	220	380	380	220/380
空载电压/V						80		
工作电压/V							16	20
焊接额定电流/A	30	300	300	500	63	120	160	300
电流调节范围/A		35~300		50~500	3~63	10~120	5~160	50~300
钨极直径/mm		2~6	2~6	1.5~4			0.8~3	2~6
焊丝直径/mm	0.5~1	1~2	0.8~2	1.5~3				
送丝速度/m·min^{-1}		0.4~3.6	0.11~2	0.17~9.3				
焊接速度/m·min^{-1}	0.17~1.7	0.2~1.8	0.22~4	0.17~1.7				
氩气流量/L·min^{-1}								20
冷却水流量/L·min^{-1}		3~16						1
负载持续率(%)	60	60	60	60		60		60
电流种类	脉冲	交、直流两用	交、直流两用	交、直流两用	直流脉冲	交流	交、直流脉冲	交流
适用范围	不锈钢合金钢薄板（0.1~0.5mm）	铝、镁及其合金；不锈钢、耐热钢、钛、铜及其合金	不锈钢、镁、钛等	不锈钢、铝、镁及其合金	不锈钢合金钢薄板	厚度为0.3~3mm的铝、镁及其合金	铝、镁及其合金、钛、不锈钢等金属	铝及铝合金

能力知识点2 引弧及稳弧装置

钨极交流氩弧焊在引弧时，由于电极是不熔化的钨或钨合金，为了防止焊缝中产生夹钨缺陷，不允许采用接触引弧，因此钨极氩弧焊需要特殊的引弧措施。并且交流电流每秒会有100次过零点，为防止电弧在电流过零点处熄灭，也需要特殊的稳弧措施。

引弧和稳弧装置有两种：一种是高频振荡器，它能周期性地输出150~260kHz、2400~3000V的高频高压加在钨极和焊件之间，由于它的工作不够可靠（主要是相位关系不好保持），并且其高频对电子仪器有干扰作用，现在应用较少。目前应用效果最好、最广泛的是高压脉冲引弧、稳弧器，它在电源负极性半周内、空载电压瞬时值为最高的相位角处，加一个2000~3000V的高压脉冲，于钨极和焊件之间进行引弧；电弧引燃后，在负极性开始的一瞬间，加2000~3000V的高压脉冲于钨极和焊件之间进行稳弧。

能力知识点3 焊枪

钨极氩弧焊焊枪分为气冷式和水冷式两种。前者用于小电流焊接（$I \leqslant 150A$），后者主要供大电流焊接时使用,因带有水冷系统,所以结构复杂,焊枪较重。它们都是由喷嘴、电极夹头、枪体、电极帽、手柄及控制开关等组成。

焊枪喷嘴结构形式有收敛形、圆柱形和扩散形三种,其中圆柱形喷嘴易使保护气获得较稳定的层流,应用较为广泛。喷嘴材料有金属和陶瓷两种,陶瓷喷嘴的使用电流不能超过300A,金属喷嘴一般用不锈钢、黄铜等材料制成,其使用电流可高达500A,但在使用中应避免与焊件接触。

钨极氩弧焊的电极应具有耐高温、焊接中不易损耗、电子发射能力强及电流容量大等特点。常用的钨极分纯钨、钍钨及铈钨等,钍钨及铈钨是在纯钨中分别加入微量稀土元素钍或铈的氧化物制成。纯钨引弧性能及导电性能差,载流能力小。钍钨及铈钨导电性能好,载流能力强,有较好的引弧性能,但钍和铈均为稀土元素,有一定的放射性,其中铈钨放射性较小。在焊接电流较小时,一般采用小直径的钨极并将其端部磨成尖锥角(约20°)。大电流焊时要求钨极直径大,且端部磨成钝角(大于90°)或带有平顶的锥形。

能力知识点4 供气及水冷系统

1. 供气系统

供气系统主要由氩气瓶、减压阀、流量计和电磁阀组成,如图6-12所示。

2. 水冷系统

该系统主要用来在焊接电流大于150A时冷却焊接电缆、焊枪和钨棒。为了保证只在冷却水可靠接通且具有一定压力时才能起动焊机,钨极氩弧焊焊机中设有水压保护开关。

能力知识点5 控制系统

控制系统由引弧器、稳弧器、行车(或转动)速度控制器、程序控制器、电磁阀和水压开关等组成。焊接控制系统应满足如下要求。

1)控制电源的通断。

2)焊前提前1.5~4s输送保护气体,以驱除焊接区空气。

3)焊后延迟5~10s停气,以保护尚未冷却的钨极和熔池。

4)自动接通及切断引弧和稳弧电路。

5)焊接结束前电流自动衰减,以消除火口和防止弧坑裂纹。

图6-12 钨极氩弧焊气路系统

1—氩气瓶 2—减压阀 3—流量计 4—电磁阀

能力知识点6 钨极氩弧焊焊机的维护、常见故障及维修

1. 焊机的维护保养

1)及时更换烧坏的喷嘴,以保证良好的保护。

2)经常注意焊枪冷却水系统的工作情况,以防烧坏焊枪。

3)注意供气系统的工作情况,发现漏气及时解决。

4）定期检查焊接电源和控制部分继电器、接触器的工作情况，发现触点接触不良及时修理或更换。

5）经常保持焊机清洁，定期以干燥空气清洁焊机。

2. 钨极氩弧焊焊机的常见故障及维修方法

钨极氩弧焊焊机的常见故障及维修方法见表 6-5。

表 6-5 钨极氩弧焊焊机的常见故障及维修方法

故障现象	产生原因	维修方法
电源开关接通但指示灯不亮	1）开关损坏 2）熔断器烧坏 3）控制变压器损坏 4）指示灯损坏	1）更换开关 2）更换熔断器 3）检修变压器 4）更换指示灯
控制电路有电但焊机不能起动	1）焊枪开关接触不良 2）继电器故障 3）控制变压器损坏	检修相应部件
电弧引燃后在焊接过程中电弧不稳定	1）稳弧器故障 2）消除直流分量的元器件故障 3）焊接电源故障	1）检修稳弧器 2）检修或更换相应元器件 3）检修焊接电源
焊机起动后无氩气输送	1）气路阻塞 2）电磁气阀故障 3）控制电路故障 4）气体延时电路故障	检修故障部分
焊接结束时衰减不正常	1）继电器故障 2）衰减控制电路故障 3）焊接电源故障	检修故障部分
焊接电流不稳定	1）焊件不清洁 2）焊接电缆接触不良 3）焊机内电路接触不良 4）控制板损坏	1）清除焊件表面油、锈等污物 2）检查并接通电缆 3）检查并接通电路 4）更换控制板

【综合训练】

简答题

1. 钨极氩弧焊为什么要采用引弧器？在什么情况下采用稳弧装置？有哪些引弧、稳弧装置？
2. 钨极氩弧焊焊枪可分为几种？它们有什么特点？分别适用于何种情况？
3. 钨极氩弧焊供气系统主要由哪些部分组成？

综合知识模块 4　等离子弧焊及切割设备

等离子弧是一种压缩电弧，具有温度高、能量密度大、焰流速度快及电弧挺度好等特点。这些特点使得等离子弧被广泛应用于焊接、喷涂焊、堆焊及金属和非金属的切割。

能力知识点 1 等离子弧发生器

等离子弧发生器是用来产生等离子弧的装置,根据用途不同可分为焊枪、割炬和喷枪。

等离子弧焊枪的设计应保证等离子弧燃烧稳定,引弧及转弧可靠,电弧压缩性好,绝缘、通气及冷却可靠,更换电极方便,喷嘴和电极对中好。焊枪主要由电极、喷嘴、中间绝缘体、上/下枪体、保护罩、水路和气路等组成。冷却水一般由下枪体水套进入,由上枪体水套流出。进水口和出水口同时也是水冷电缆的接口。

割炬的结构与大电流焊枪结构相似,不同之处是割炬没有保护气通道和保护气喷嘴。

能力知识点 2 等离子弧焊设备

等离子弧焊设备主要由焊接电源、焊枪、控制电路、气路和水路等部分组成。自动焊设备除上述部分之外,还有焊接小车和送丝机构。

1. 焊接电源

等离子弧焊接设备一般配备具有陡降或垂直陡降外特性的直流弧焊电源。用纯氩作离子气时,电源空载电压只需80V即可。当采用氩+氢混合气作离子气时,为了可靠地引弧,电源空载电压则需要110~120V。为保证收弧处的焊缝质量,等离子弧焊接一般采用电流衰减法熄弧,因此应具有电流衰减装置。

2. 气路系统

等离子弧焊接设备的供气系统如图6-13所示,包括离子气、焊接区保护气和背面保护气等,为了保证引弧处和收弧处的焊缝质量,离子气应分成两路供给,其中一路可在焊接收尾时经阀门放入大气,以实现气流衰减控制,调节阀可调节离子气的衰减时间;另一路经流量计进入焊枪。

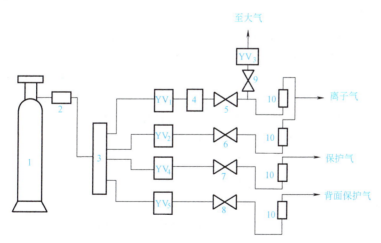

图 6-13 等离子弧焊接设备的供气系统

1—氩气瓶 2—减压表 3—气体汇流排 4—储气桶 5~9—调节阀 10—流量计 YV_1~YV_5—电磁阀

3. 控制系统

等离子弧焊设备的控制系统一般包括高频引弧电路、拖动控制电路、延时电路和程序控制电路等部分。控制系统一般应具备如下功能。

1) 可预调气体流量并实现离子气流的衰减。
2) 焊接开始前能进行对中调试。
3) 提前送气，滞后停气。
4) 调节焊接小车行走速度及填充焊丝的送进速度。
5) 可靠地引弧及转弧。
6) 实现起弧电流递增，熄弧电流递减。
7) 无冷却水时不能开机。
8) 发生故障及时停机。

能力知识点 3　等离子弧切割设备

等离子弧切割设备主要由电源、割炬、控制系统、气路系统和水路系统等组成。如果是自动切割，还要有切割小车。部分国产等离子弧切割机的型号及技术数据见表6-6。

表 6-6　部分国产等离子弧切割机的型号及技术数据

技术数据	型号				
	LG-400-2	LG-250	LG-100	LGK-90	LGK-30
空载电压/V	300	250	350	240	230
切割电流/A	100~500	80~320	10~100	45~90	30
工作电压/V	100~500	150	100~150	140	85
负载持续率	60%	60%	60%	60%	45%
电极直径/mm	6	5	2.5		
备注	自动型	手动型	微束型	压缩空气型	压缩空气型

1. 等离子弧切割电源

等离子弧切割和等离子弧焊接一样，一般均采用垂直陡降外特性的直流电源。为提高切割电压，要求切割电源具有较高的空载电压（150~400V）。等离子弧切割设备都配有配套使用的专用电源。如与LG-400-1型等离子弧切割机配套的电源是ZXG2-400型硅整流弧焊电源，其空载电压较高，分300V和1000V两档。在没有专用的切割电源时，也可采用普通的直流电源串联使用，串联的台数由切割材料的厚度决定。但需要注意的是，串联使用时切割电流不应超过每台电源的额定电流值，以免电源过载。

2. 控制系统

等离子弧切割时，控制系统应满足以下要求。
1) 能提前送气和滞后送气，以免电极氧化。
2) 采用高频引弧，在等离子弧引燃后高频振荡器能自动断开。
3) 离子气流有递增过程。
4) 无冷却水时切割机不能起动；若切割过程中断水，切割机自动停止工作。
5) 在切割结束或切割过程中断弧时，控制电路能自动断开。

3. 供气系统和水冷系统

等离子弧切割设备的供气系统不用保护气和气流衰减回路，在割炬中通入离子气除了可压缩电弧和产生电弧冲力外，还可减少钨极的氧化烧损，因此切割时必须保证气路畅通。

第6单元 常用弧焊设备

为防止割炬的喷嘴烧坏,切割时必须对割炬进行通水强制冷却。在水冷系统中装有水压开关,以保证在没有冷却水时不能引弧;工作过程中若断水或水压不足时,应立即停止工作。冷却水可以采用自来水,但水压小于0.098MPa时,必须安装专用冷却水泵供水,以提高水压,保证冷却效果。

能力知识点4 等离子弧切割设备的维护、常见故障及维修

1. 等离子弧切割设备的使用维护

1) 切割机应保持清洁,在切断电源情况下定期用压缩空气对切割机内的粉尘进行清理。
2) 定期检查切割机内紧固螺钉、引线接头有无松动。
3) 定期检查气路各接头的密封情况。
4) 切割机累计工作一段时间后须将减压器过滤的油、水排放一次。
5) 切割机在运输或推动中应防止振动。

2. 等离子弧切割设备的常见故障及维修方法

等离子弧切割设备常见故障及维修方法见表6-7。

表6-7 等离子切割设备的常见故障及维修方法

故障现象	产生原因	维修方法
电源空载电压过低	1)电网电压过低 2)硅整流器件损坏短路 3)变压器绕组短路 4)磁放大器短路	1)检查电网电压 2)用仪表检查短路处
按高频按钮无高频放电火花	1)高频振荡器元件损坏 2)火花放电器间隙太大 3)高频电源未接通 4)高频旁路电容损坏 5)电极内缩长度太长	1)检查火花放电器间隙 2)检查相应的元器件
高频工作正常但电弧不能引燃	1)离子气不通或气体压力不足 2)控制元器件损坏或接触不良	1)检查气体压力 2)检查控制电路
断弧	1)割炬抬得太高 2)焊件表面不清洁 3)接地线接触不良 4)喷嘴压缩孔道太长或孔径太小 5)空载电源太低 6)电极内缩长度太长	1)压低割炬 2)清理焊件表面 3)检查工作接地线 4)改变喷嘴结构 5)提高电源空载电压 6)减小电极内缩长度
指示灯不亮	1)电源未接通或控制电路断路 2)熔丝熔断 3)控制变压器损坏	1)接通电源 2)更换熔丝或灯泡 3)检查控制变压器和控制电路
按动割炬开关,无气流喷出	1)割炬开关损坏或开关线断路 2)继电器不吸合 3)气路阻塞或电磁阀损坏	1)更换开关,检查开关线 2)更换继电器 3)疏通气路或更换电磁阀

131

【综合训练】

简答题

1. 等离子弧切割设备的控制系统应满足哪些要求？
2. 等离子弧焊设备主要由哪些部分组成？各组成部分有什么作用？
3. 等离子弧切割时，控制系统应满足哪些要求？

综合知识模块 5　激光焊接设备

激光焊接设备如图 6-14 所示，是应用激光器产生的波长为 1064nm 的脉冲激光（经过扩束、反射、聚焦后）辐射焊件表面，焊件表面热量通过热传导向内部扩散，通过数字化精确控制激光脉冲的宽度、能量、峰值功率和重复频率等参数，使焊件熔化，形成特定的熔池，从而实现对被加焊件的激光焊接，完成传统工艺无法实现的精密焊接。

能力知识点 1　激光焊接设备的组成

（1）激光器　激光器是激光加工设备的重要部件，对激光焊接和切割而言，要求以激光的横模为基模，功率应能够根据加工要求加以调整。

图 6-14　激光焊接设备

（2）光学系统　光学系统用以进行光束的传输和聚焦，在进行大功率或大能量传输时，必须采取屏蔽以免对人造成危害。在小功率系统中，聚焦多采用透镜，在大功率系统中一般采用反射聚焦镜。

（3）激光加工机　激光加工机的精度对焊接切割的精度影响很大。根据光束与焊件的相对运动，激光加工机可分为二维、三维和五维。

（4）辐射参数传感器　该传感器用于检测激光器的输出功率或输出能力，并对输出功率或能量进行控制。

（5）工艺介质传送系统　该系统用于传送稀有气体，保护焊缝。在进行大功率 CO_2 气体保护焊时，针对不同的焊接材料，输送适当的混合气体，可将焊缝上方的等离子体部分吹走，提高能量利用率，增加焊缝熔深。

（6）工艺参数传感器　该传感器主要用于检测加工区域的温度、焊件表面状况以及等离子体特性等，以便通过控制系统进行必要的调整。

（7）控制系统　控制系统对参数进行实时显示和报警，输入参数并加以控制，此外还有保护作用。

（8）准直用 He-Ne 激光器　一般采用小功率的 He-Ne 激光器进行光路的调控和焊件的对中。

能力知识点 2　激光焊接设备的特点

1）激光焊接可以对薄壁材料和精密零件实现点焊、对接焊、叠焊及密封焊等。

2）激光功率大，焊缝具有高的深宽比，热影响区域小，变形小，焊接速度快。

3）焊缝质量高平整美观、无气孔，焊后材料韧性至少相当于母体材料。

4）激光焊接设备支持液晶显示器（LCD）显示、集中按键化操作。

5）采用四维滚珠丝杠工作台，其伺服控制系统可选旋转工作台并实现点焊、直线焊、圆周焊等自动焊接，适用范围广，精度高，速度快。

6）电流波形可任意调整，可根据焊材的不同设置不同的波形，使焊接参数和焊接要求相匹配，以达到最佳的焊接效果。

能力知识点3　激光焊接设备操作规程

1. 开机前的准备工作

1）检查工作环境，温度应为 20~28℃，湿度应为 65%RH 以下。

2）检查机器内循环水、外循环水是否达到规定范围。

3）检查机器表面有无灰尘、锈斑、油污等。

2. 开机

1）打开总电源开关，接通三相电源。

2）打开外循环水开关。

3）打开主板钥匙开关，使主机系统复位，此时能听到冷却水的水流声和冷却水泵运转的响声。

4）打开激光电源开关，电源 LCD 显示菜单并提示"Wait……"正常情况下大约 40s 后，提示"OK-OK"则可进行后续操作，稍后能听到机内主接触器的吸合声。

5）打开氮气阀门，调节好用气流量。

6）输入当前要执行的工作参数（系统开机时，默认工作台位置与自动调用的原点位置一致，如与实际不符，应执行一次原点复位命令）。

7）执行"LOCK"命令，使 LCD 指示灯亮（此时激光被锁住），按"RUN"键或踩一次脚踏开关，让激光按所修改的工作参数预览一次（可以检查所修改的工作参数是否准确）。

8）执行焊接操作。

3. 关机

1）关闭激光电源电闸：在电源 LCD 显示菜单中，按"→"选中系统栏，按"OK"键进入子菜单，选择"Systemexit（退出系统）"项后，按"OK"键，本电源执行保存当前工作参数到默认号 00 和自动关机动作。当 LCD 显示菜单显示"Systemexit OK"时，激光电源开关即可关闭。

2）旋转主机面板钥匙开关以关闭机器。

3）关闭氮气瓶阀门。

4）关闭外循环水开关。

5）关闭总电源开关。

4. 注意事项

1）在操作过程中，如遇到紧急情况（漏水、激光器有异常声音等）需快速切断整机供电时，可按主面板的"EMERGENCY"红色按钮。

2）必须在操作前打开激光焊接设备的外循环水开关。

3）激光器系统采用水冷却方式，激光电源采用风冷却方式，若冷却系统出现故障，严禁开机工作。

4）不得随意拆卸机器内的任何部件，不得在机器密封罩打开时进行焊接，严禁在激光器工作时用肉眼直视激光或反射激光，及用肉眼正对激光器，以免眼睛受伤害。

5）不得把易燃、易爆材料放置到激光光路上或激光束可以照射到的地方，以免引起火灾和爆炸。

6）机器工作时，电路为高压、强电流状态，严禁在工作时触摸机器内的各电路元器件。

7）未经培训人员禁止操作激光焊接设备。

5. 日常维护及保养

1）每日工作前后需保持工作环境的清洁和设备的清洁，包括主机的外表面、主控柜的外表面、光学系统外表面、冷却系统外表面及工作台等要无杂物，保持洁净，清洗时用干抹布或略湿的布擦拭。

2）每周检查冷却水水质，若水质变差、浑浊、透明度降低等应及时换水，冷却水液位指示管的水位不得低于水箱高度的 80%。若存水量水位低于水箱高度的 80% 时，应及时添加纯净水。

3）每周清洁聚焦镜头（取下镜头用长纤维脱脂棉沾 99.5% 以上的乙醇进行擦洗），保证镜片干净、透明、无油污。

4）每月必须更换冷却水，清洗水箱及金属过滤网，每月清洗一次冷凝散热器的散热翅片（冷却系统除尘）。

5）每半年需给工作台的丝杠加润滑油；给主机箱除尘（打开主机箱盖，用干燥的压缩空气将灰尘吹走）。

图 6-15 所示为激光焊接设备焊接的样品。

图 6-15 激光焊接设备焊接的样品

【综合训练】

简答题

1. 激光焊接设备由哪些部分组成？
2. 激光焊接设备有什么特点？

综合知识模块 6　电子束焊接设备

电子束焊接是一种利用电子束作为热源的焊接工艺。电子束发生器的阴极加热到一定的温度时会逸出电子，电子在高压电场中被加速，通过电磁透镜聚焦后，形成能量密集度极高的电子束。当电子束轰击焊接表面时，电子的动能大部分转变为热能，使焊接件结合处的金属熔融，当焊件移动时，即在焊件结合处形成一条连续的焊缝。

能力知识点 1　电子束焊接的特点

电子束焊接具有以下特点：

1）电子束能量密度高，一般可达 $10^6 \sim 10^9 W/cm^2$，是普通电弧焊和氩弧焊的 100 倍~10 万倍，因此可实现焊缝深而窄的焊接，其深宽比大于 10∶1。

2）电子束焊接的焊缝化学成分纯净，焊接接头强度高、质量好。

3）电子束焊接所需线能量小，而焊接速度高，因此焊件的热影响区小、焊件变形小，除一般焊接外，还可以对精加工后的零部件进行焊接。

4）可焊接普通钢材、不锈钢、合金钢及铜、铝等金属、难熔金属（如钽、铌、钼）和一些化学性质活泼的金属（如钛、锆、铀等）。

5）可焊接异种金属，如铜和不锈钢、钢与硬质合金、铬和钼、铜铬和铜钨等。

6）电子束焊接的工艺参数，如加速电压、束流、聚焦电流、偏压和焊速等可以精确调整，因此易于实现焊接过程自动化和程序控制，焊接重复性好。

7）电子束焊接能焊接复杂几何形状焊件。

8）与普通焊接相比，电子束焊接速率更高（尤其对于大而厚的焊件）。

电子束焊接技术因其高能量密度和优良的焊缝质量，而率先在国内航空工业得到应用。先进发动机和飞机工业中已广泛应用了电子束焊接技术，并取得了很大的经济效益和社会效益，该项技术从 20 世纪 80 年代开始逐步在向民用工业转化。汽车工业、机械工业等已广泛应用该技术。

能力知识点 2　电子束焊接设备的分类

1. 按照真空室压力分

1）高真空电子束焊机。
2）低真空电子束焊机。
3）非真空电子束焊机。

2. 按照加速电压分

1) 高压型电子束焊机（60~150kV）。
2) 中压型电子束焊机（40~60kV）。
3) 低压型电子束焊机（≤40kV）。

3. 按照电子枪固定方式分

1) 动枪式电子束焊机。
2) 定枪式电子束焊机。

目前，电子束焊接设备的主要生产研制机构有德国 PTR 和 IGM 公司、PROBEAM 公司，法国 TECHMETA（泰克米特）公司，英国 CVE 公司，乌克兰巴东焊接研究所，北京航空工艺研究所，中科院沈阳金属所和桂林电器科学研究所等。图 6-16 所示为电子束焊机的典型产品。

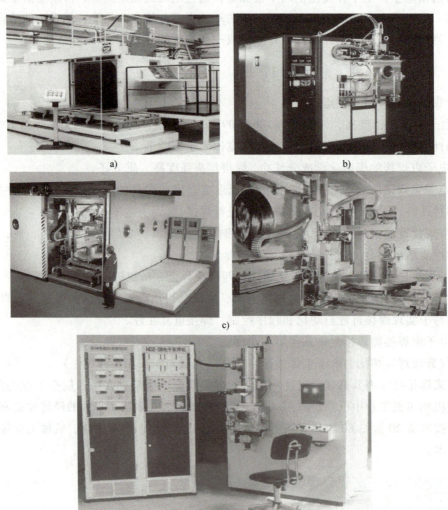

图 6-16 电子束焊机的典型产品

a) 德国 PTR 公司生产的 EBW3000/15-150CNC 型电子束焊机　b) 法国 TECHMETA 公司生产的 MEDARD 43 型电子束焊机
c) 乌克兰巴东电焊研究所生产的 KL110 型电子束焊机　d) 桂林电器科学研究所生产的 HDZ-3BEB 电子束焊机

能力知识点 3　电子束焊接设备的组成及工作原理

电子束焊机由电子枪、高压电源、真空机组、真空焊接室、电气控制系统、工装夹具与工作台行走系统等部分组成。

电子束焊机的关键部件是电子枪。电子枪的阴极经电流加热后，在阴极与阳极间几十至上百千伏的加速电压作用下发射出电子流，该电子流在偏压栅极的控制和聚束作用下形成一束电子从阳极孔中穿过，经过电子枪隔离阀后在聚焦磁透镜的作用下以极高的能量密度和 70% 光速的速度注入焊件，强大的电子动能迅速转化为热能将焊件局部熔化而达到焊接的目的。

因为电子枪工作在高压状况下，为了减少电子在射入焊件前与其他气体分子碰撞而引起能量损失和电子束发散，电子枪与焊接室都必须工作在一定的真空状态下。图 6-17 所示为电子束焊机的原理示意图。

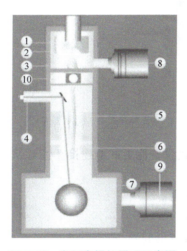

图 6-17　电子束焊机原理示意图

1—阴极　2—聚束极　3—阳极　4—光学观察系统　5—聚焦磁透镜　6—偏转磁透镜　7—焊件　8—枪室真空系统　9—焊室真空系统　10—隔离阀

【综合训练】

简答题

1. 电子束焊接具有哪些特点？
2. 电子束焊机由哪些部分组成？
3. 电子束焊接设备有哪些分类方式？具体可分为哪些类型？

综合知识模块 7　焊接自动化配套焊接设备

随着焊接自动化的不断发展与升级，对所需配备的焊接电源也提出了更多的要求，基于焊接电源与自动化设备的通信要求及其自身的特点，焊接自动化用焊接电源相对于手动焊接的焊接电源有了较大变化,主要体现在功能全面化、数据库专业化及性能稳定化,且对送丝系统及焊枪要求有较大的修正。

在自动化焊接工程中,焊接电源的性能和选用是一项极为重要的技术问题,因为焊缝质量的优劣及控制大都与焊接电源有着直接的关系。图 6-18 所示为奥地利 Fronius 公司生产的焊接电源,图 6-19 所示为瑞典 ESAB 公司生产的弧焊电源。

图 6-18 奥地利 Fronius 公司生产的焊接电源

图 6-19 瑞典 ESAB 公司生产的弧焊电源

为了保证焊接电源与自动化设备能更好地连接,针对弧焊电源系统,自动化焊接工程要求包括:

1) 焊接电弧的抗磁偏吹能力。
2) 焊接电弧的引弧成功率。
3) 熔化极弧焊电源的焊缝成形问题。
4) 自动化设备与弧焊电源的通信问题。
5) 自动化设备对自动送丝机的要求。
6) 自动化设备对所配置焊枪的要求。

在自动化焊接工程中,弧焊机器人对弧焊电源的要求,远比人工焊接对所用的弧焊电源的要求更高。对弧焊机器人焊接工艺的适用性成为弧焊电源设计上需要考虑的重要因素。

能力知识点 1　焊接电源特点及要求

1) 机器人用电弧焊设备配置的焊接电源需要具有稳定性高、动态性能佳及调节性能好的特点。

2) 电源应具备可以与机器人进行通信的接口,这就要求焊接设备具备专家数据库和全数字化系统。其中一些中高端客户需要焊接电源具有一元化模式、一元化设置模式或二元化模式。

3) 需要配置自动化送丝机,如图 6-20 所示。

4) 送丝机可安装在机器人的肩上,如图 6-21 所示,且在一些高端配置中,焊接电源需要有进丝/退丝功能,同时送丝机上也配置点动送丝/送气按钮。

图 6-20 送丝机

图 6-21 送丝机安装在机器人肩上

能力知识点 2　弧焊电源工艺性能对机器人焊接质量的影响

焊接电弧的引弧成功率是指电弧焊开始时有效引发电弧次数的概率。无论对使用熔化极电弧焊枪的机器人，还是使用非熔化极电弧焊枪的机器人，都要求焊接电弧有 100% 的引弧成功率。这是因为在实际生产线上工作的弧焊机器人，特别是汽车车身焊装生产线上的熔化极气体保护焊机器人，如果初次引弧不成功，则会有电弧未燃而焊丝继续送出的现象，虽然一般焊接控制系统都设计有电弧状态监测信号环节，但此时已送出但未熔化的这一段焊丝必须被处理掉，才能重新开始引弧程序。

为保证引弧成功率，弧焊机器人使用的熔化极气体保护焊电源设计了所谓的"去（焊丝端部）小球"电路。该设计思路的出发点是，当一次熔化极气体保护焊接结束时，发现焊丝端部形状可能出现小球，这会为再次引弧造成困难。

薄板电弧焊时，在薄板焊缝的两端都会形成向内凹陷的豁口，豁口尖端的形状对拼焊薄板的抗拉强度有很大的影响。为使豁口形成圆弧状豁口，可以通过起弧段上升电流及收弧段下降电流分别调节的方式实现。现在的数字化弧焊电源都有这个功能。

能力知识点 3　弧焊机器人用焊接电源

由于弧焊机器人焊接对生产率和焊接质量的一系列要求，需对焊接电源进行相应的配套设置，根据机器人的要求在软、硬件方面着手对电路进行处理，从而达到与机器人的完美结合。

目前与机器人进行配置的焊接电源除电流、电压可调外，还需要具备一些基本功能，如起弧电流大小可调节、起弧电流持续时间可调节、弧长修正可调节、电感可调节、收弧电流大小可调节、收弧电流持续时间可调节、回烧修正可设置、电缆补偿可设置、预通气时间可设置、滞后断气时间可设置、起弧/收弧电流衰减可设置，以上这些功能在和机器人通信后可以通过机器人来调节。

针对一些中高端用户，焊接电源需要具有专家数据库。为了方便一线操作人员的使用，降低操作人员对焊接设备使用的难度，可将焊接电源设计为二元化和一元化并存的形式。

焊接控制系统应能对弧焊电源进行故障报错，并及时发出警报，停止运行，除通知机器人故障外，还应显示故障代码，并可以通过复位来排除故障。

能力知识点 4　弧焊机器人用焊枪

目前弧焊机器人用焊枪有两种：一种是焊接机器人的内置焊枪，如图 6-22 所示；一种是焊接机器人的外置焊枪，如图 6-23 所示。

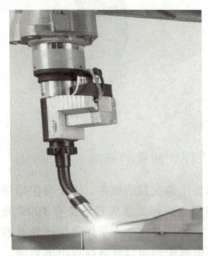

图 6-22　焊接机器人的内置焊枪

图 6-23　焊接机器人的外置焊枪

中空手腕式弧焊机器人可将焊枪内置。焊枪内置方式有三种：第一种是直接连接到送丝机上，这种焊枪在使用过程中随着第六轴手腕的转动，焊枪电缆受扭曲力的作用，在长期受力情况下寿命大大降低；第二种是将焊枪和焊枪电缆分开，并在送丝机前端做成可旋转接头，这种连接方式在一定程度上降低了扭曲力对焊枪电缆寿命的影响；第三种是将焊枪和焊枪电缆在机器人第六轴安装位置处分开做成可旋转接头，这种连接方式从根源上消除了由于机器人运动而产生的扭曲作用力对焊枪电缆寿命的影响，但此种焊枪价格稍高。

外置焊枪机器人需要在弧焊机器人第六轴上安装焊枪把持器，这在某些复杂零部件焊接时降低了焊枪的可达性。这种焊枪较内置焊枪的价格稍低，一般在外置焊枪可以达到使用要求的时候，综合考虑成本，都会选用外置焊枪。

机器人所使用的焊枪需要安装防碰撞传感器，以便在调试和使用过程中出现故障时能够及时使机器人停止动作，从而降低设备的损坏程度，在一定程度上保护设备的完好性。

能力知识点 5　通信方式

目前机器人和焊接电源的主流通信方式主要有以下几种：I/O、DeviceNet、Profibus 和以太网等。

1. I/O 通信

I/O 通信是机器人 CPU 基于系统总线通过 I/O 电路与焊接电源交换信息，需要外供 24V 电源。这种通信分为数字 I/O 和模拟 I/O 两种，其中数字 I/O 可直接与机器人进行通信连接，而模拟 I/O 需要通过 A/D 转换才能与机器人进行通信连接。这种通信方式接线麻烦，需要的空间较大，每个点只限一个信号，工作量大，综合成本高。

2. DeviceNet

DeviceNet 是国际上在 20 世纪 90 年代中期发展起来的一种基于 CAN 技术的开放型、符合全球工业标准的低成本、高性能的现场总线通信网络。这种方式不仅使设备之间以一根电缆互相连接和通信,更重要的是它给系统所带来的设备级诊断功能,该功能在传统的 I/O 通信上是很难实现的。它通过提高网络数据流的能力来提供无限制的 I/O 端口,提高了机器人与焊机之间的通信效率。它简化配线,避免了潜在的错误点,减少了所需的文件,降低了人工成本并节省了安装空间,但是需要外供 24V 电源。这是目前焊接电源与机器人之间的主流通信方式。

3. Profibus 总线

基于现场总线 Profibus DP/PA 控制系统位于工厂自动化系统中的底层,即现场级和车间级。现场总线 Profibus 是面向现场级和车间级的数字化通信网络。

4. 以太网

以太网是当今现有局域网最通用的通信协议标准。以太网络使用 CSMA/CD(载波监听多路访问及冲突检测)技术,接线简单,传输速度快,效率高,不需要外供 24V 电源,是焊接电源与机器人较为先进的通信连接方式。

【综合训练】

简答题

1. 为保证焊接电源与自动化设备能更好地连接,对弧焊电源系统提出了哪些要求?
2. 目前机器人和焊接电源的主流通信方式主要有哪几种?
3. 焊接机器人内置焊枪的方式有哪几种?

单元小结

1)埋弧焊机由焊接电源、自动焊车、控制系统三部分组成,自动焊车包括送丝机构、行走小车、机头调整机构、控制盒、导电嘴、焊丝盘和焊剂漏斗等,可以完成自动送丝、引弧、小车自动行走、熄弧等动作。

2)熔化极气体保护焊由焊接电源、送丝系统、焊枪及行走系统(自动焊)、供气系统和水冷系统、控制系统等部分组成。

送丝系统分为推丝式、拉丝式、推拉丝式和行星式四种方式。

供气系统一般包括气瓶、减压阀、流量计和气阀,如果保护气体是 CO_2,则还应包括预热器和干燥器。

控制系统应保证引弧前先送气,熄弧后滞后断气。

3)钨极氩弧焊设备包括焊接电源、引弧及稳弧装置、焊枪、供气系统、水冷系统和焊接控制装置系统等部分。钨极氩弧焊常用高压脉冲引弧,用稳弧器进行稳弧,小电流时采用空冷式焊枪,大电流时采用水冷式焊枪,供气系统包括氩气瓶、减压阀、流量计和电磁阀。为了保证冷却效果,防止焊枪烧损,在冷却系统中设有水压开关。在焊接过程中也应保证提前送气、滞后断气。

4）等离子弧焊和切割设备包括焊枪（割炬）、电源、控制系统、气路和水路等部分。

5）激光焊接设备包括激光器、光学系统、激光加工机、辐射参数传感器、工艺介质传送系统、工艺参数传感器、控制系统和准直用 He-Ne 激光器等部分。

6）电子束焊接设备由电子枪、高压电源、真空机组、真空焊接室、电气控制系统、工装夹具与工作台行走系统等部分组成。

7）焊接机器人用电弧焊设备配置的焊接电源需要具有稳定性高、动态性能佳、调节性能好的品质特点，同时具备可以与机器人进行通信的接口，这就要求焊接设备具备专家数据库和全数字化系统。其中一些中高端客户需要焊接电源具有一元化模式、一元化设置模式或二元化模式，送丝系统需要配置自动化送丝机并可安装在机器人的肩上，且在一些高端配置中，焊接电源需要有进/退丝功能，同时送丝机上也配置点动送丝/送气按钮。

[焊接工匠]

宁显海，男，汉族，1995年9月出生，四川省凉山州会东县人，中共党员，中国十九冶集团有限公司职工，高级技师，在第44届世界技能大赛上获焊接项目金牌。2016年6月，宁显海获的第44届世界技能大赛四川省选拔赛焊接项目第一名，并于同年7月获第44届世界技能大赛全国选拔赛第一名，入选国家集训队，被授予"全国技术能手"荣誉称号。集训期间，他刻苦学习，最终成为第44届世界技能大赛焊接
项目中国参赛选手，同时获得美国焊接项目邀请赛、中国国际技能大赛和澳大利亚全球技能挑战赛等国际赛事焊接项目"三连冠"。

世赛焊接项目金牌得主宁显海：六年坚持让中国焊枪闪耀世界

从大山走向大海，千里的路途，丈量着追梦的脚步。宁显海，这个从四川大凉山走来的焊接少年，在第44届世界技能大赛的赛场上，代表中国队赢得了焊接项目比赛的金牌，成了广大青年技能人才心中最红的工匠"idol"（偶像）。

1995年9月，宁显海出生于四川省凉山州会东县一个偏远小山村的普通家庭，而这个州至今还属于国家深度贫困地区。

在那里，唯一的经济来源是种地卖菜；在那里，没有美丽的小学校园，需要翻山越岭走很远的山路到乡镇去上学。初中毕业后，为了学一门技术养家糊口，减轻家里的负担，宁显海在他堂哥的介绍下，来到了中国十九冶高级技工学校（攀枝花技师学院）学习焊接技术。

宁显海暗下决心，不管多苦多累，都要坚持下去，不能浪费家里给的学费、生活费，以后要靠着这门手艺挣钱养家。正是当初的这份朴素信念，成了宁显海踏上世赛之路的原动力，让他从大山深处走向了世界焊接技能之巅。

第6单元 常用弧焊设备

然而,通往世界技能最高舞台的路途,远比他想象要艰辛,要坎坷。

2012年,宁显海仅以一个名次之差,无缘第42届世界技能大赛国家集训队;2014年,入围国家集训队的他,又遗憾止步第43届世界技能大赛5进2选拔赛。

2016年,宁显海以第44届世界技能大赛全国选拔赛焊接第一名的成绩入围国家集训队,被授予"全国技术能手"荣誉称号,经过层层选拔,2017年6月,宁显海如愿成了第44届世界技能大赛焊接项目参赛选手。期间,宁显海还获得2017美国国际焊接技能比赛冠军、2017年中国国际技能大赛焊接项目冠军、澳大利亚2017全球技能挑战赛焊接项目第一名。

梦想似乎触手可及,但又更加充满挑战。

宁显海的指导老师、世界技能大赛焊接项目中国教练组长、中华技能大奖获得者周树春介绍说,第44届世界技能大赛焊接项目共有33个国家参赛,竞争相当激烈,稍有闪失就会失去夺金机会。

为了心中的梦想,宁显海每天要接受长达14小时的高强度训练,没休过一个节假日。但他从没犹豫过、退缩过,圆梦世赛的种子已在灵魂深处扎根,锻造工匠精神的信念愈发坚定执着。

熟练的手感,在日复一日的魔鬼训练中已转化为肌肉记忆,让宁显海在冷硬的构件之间行云走笔;专家与严师的谆谆教诲,鞭策着弟子精益求精,用一条条近乎完美的焊缝,让模块外观呈现出艺术品的美感。

2017年10月18日,历时四天、总时长18小时的焊接比赛落下帷幕,宁显海以94.63分的高分夺得冠军,创造了焊接项目有记录的最高分。他完成的组合件、压力容器、铝合金结构和不锈钢结构四个模块,让在场的各国焊接专家赞叹不已。

当阿联酋首都阿布扎比亚斯岛Du体育馆闭幕式主持人宣布:"焊接项目金牌,宁显海——中国"时,全场沸腾了,中国代表团打出了"中国焊接,我们又赢了!"的大幅横幅。

"我为自己是一名中国焊工感到骄傲!"回顾整个比赛,宁显海表示,心中依然无比激动,当身披五星红旗登上领奖台的那一刻,6年的努力,流过的泪,吃过的苦,全都值了。

台上一分钟、台下十年功,要想取得成功就必须付出汗水,平时要理论与实践两手抓,勤学勤练。

比赛归来,国家、地方政府及宁显海所在的中冶集团、中国十九冶给了他很多荣誉和奖励。

全国技术能手、全国优秀共青团员、全国青年岗位能手、十佳最美劳动者、中冶集团劳动模范、中冶集团首席技师、享受四川省高技能人才津贴、四川省五四青年奖章……

不久前,宁显海的焊件,入选了在北京国家博物馆"伟大的变革——纪念改革开放40周年大型展览",他还获得了国务院政府特殊津贴。

2018年6月26日至29日,宁显海作为四川团代表参加了中国共产主义青年团第十八次全国代表大会,并当选为共青团十八届中央委员会候补委员。

通过学习技能,宁显海从深度贫困地区走到了世界技能大赛的最高领奖台,用技能改变了人生。

"我是一个平凡的人,初中毕业后就到技师学院学习,从未想过自己会有什么璀璨的人生。直到接触了焊接,遇到了恩师,参加了比赛,才知道了青年人应该有梦想,有追求,应该有一技傍身,应该志存高远。"宁显海说,初心和坚持,是自己成功的法宝。

第7单元

弧焊电源的选择及使用

【学习目标】
1) 掌握弧焊电源的选择、安装和使用常识。
2) 学会节约用电和安全用电的一般方法和原则。
3) 会对电源附件的种类进行选择。

综合知识模块1　弧焊电源的选择

弧焊电源是焊接电弧能量的提供装置，其性能和质量直接影响到电弧燃烧的稳定性，进而影响到焊接质量。不同类型的弧焊电源，其使用性能和经济性存在差异，主要区别见表7-1和表7-2。所以，只有根据不同工况正确选择弧焊电源，才能确保焊接过程顺利进行，并在此基础上获得良好的接头性能和较高的生产率。

表7-1　交、直流弧焊电源特点比较

项　目	交　流	直　流
电弧稳定性	低	高
极性可换性	不存在	存在
磁偏吹	很小	较大
空载电压	较高	较低
触电危险	较大	较小
构造和维修	简单	复杂
噪声	不大	整流器小，逆变器更小
成本	低	高
供电	一般单相	一般三相
质量	较轻	较重，逆变器最轻

表 7-2　交、直流弧焊电源经济性比较

主要指标	弧焊变压器	弧焊整流器	弧焊逆变器
每 kg 熔敷金属消耗电能/(kW·h)	3~4	3.4~4.2	2
效率 η	0.65~0.90	0.60~0.75	0.8~0.9
功率因数 $\cos\varphi$	0.3~0.6	0.65~0.70	0.85~0.99
空载时功率因数	0.1~0.2	0.3~0.4	0.68~0.86
空载电能消耗/(kW·h)	0.2	0.38~0.46	0.03~0.1
制造材料相对消耗(%)	30~35	35~40	8~13
生产弧焊电源的相对工时(%)	20~30	50~70	
相对价格(%)	30~40	105~115	
每台占用面积/m^2	0.25~0.3	0.45~0.9	0.11~0.13

一般应根据以下几方面选择弧焊电源：
1）焊接电流的种类。
2）焊接工艺方法。
3）弧焊电源的功率。
4）工作条件和节能要求。

能力知识点 1　根据焊接电流种类选择弧焊电源

焊接电流有直流、交流和脉冲等三种基本种类，相应的弧焊电源有直流弧焊电源、交流弧焊电源和脉冲弧焊电源。一般可按技术要求、工作条件和经济效果等综合考虑选择弧焊电源的种类。

1. 从技术要求考虑

一般情况下，焊接普通低碳钢、民用建筑金属构件等产品及稀有气体保护焊等，选用交流弧焊电源即可。

在某些情况下应选用直流弧焊电源，例如有些产品（如合金钢、铸铁和非铁金属等结构）要求用直流弧焊电源才能施焊；有些焊接工艺要求较大的熔深（如高压管道的焊接）；CO_2 气体保护焊采用活性气体保护，且没有保护剂；在水下进行的湿式电弧焊；有些场合要求弧焊电源除用于焊接外，还用于碳弧气刨、等离子切割等工艺。在上述情况下，都应该采用直流弧焊电源。在直流弧焊电源中，弧焊整流器较之直流弧焊发电机有更多的优点，因而直流弧焊发电机已被淘汰。近多年来，晶闸管弧焊整流器、弧焊逆变器等新型弧焊电源大量出现，由于这些弧焊电源具有许多优点，因而被大量使用。

在焊接热敏感性大的合金钢、薄板结构、厚板的单面焊双面成形和全位置自动焊中，采用脉冲弧焊电源较理想。

2. 从工作条件考虑

有的单位电网电源容量小且要求三相均衡用电，这就应当选用直流弧焊电源；在小单位或实验室，设备数量有限而焊接材料种类又较多时，可选交、直流两用弧焊电源。

3. 从经济效果考虑

从表 7-1 和表 7-2 可以看出，一般交流弧焊电源比直流弧焊电源具有结构简单、制造方便、使用可靠、维修容易、效率高、成本低等一系列优点，因此，在满足技术要求前提下应优先选用交流弧焊电源。

能力知识点 2　根据焊接工艺方法选择弧焊电源

1. 焊条电弧焊

一般焊条电弧焊电弧的静特性曲线工作在水平段，要求采用下降外特性的弧焊电源。

用酸性焊条焊接一般金属结构时，应选用弧焊变压器，如动铁心式、动圈式和抽头式弧焊变压器（BX1-300、BX3-300-1、BX6-120-1）；用碱性焊条焊接较重要的结构钢以及铸铁、铝合金、铜合金等，应选用直流弧焊电源，如弧焊整流器（ZXG-400、ZXG1-250、ZX5-250、ZX5-400、ZDK-500、ZX7-400等）。

在一般生产条件下，焊条电弧焊普遍采用单站式。在大型焊接车间的多工位集中情况下，可选用多站式弧焊变压器（BP-3×500型），甚至可以采用特制的几十头，上百头弧焊整流器。

2. 埋弧焊

埋弧焊电弧处于静特性曲线的水平段或略上升段。在等速送丝时，宜选用较平缓的下降特性；在变速送丝时，则选用陡降外特性。

埋弧焊一般选择容量较大的弧焊变压器，如同体式弧焊变压器（ZX2-500、ZX2-1000），当产品质量要求较高，应选用弧焊整流器或矩形波交流弧焊电源。

3. 氩弧焊

钨极氩弧焊要求选用陡降外特性或恒流外特性的交流弧焊电源或直流弧焊电源。焊接铝、镁及其合金时，为清除氧化膜并减轻钨电极的烧损，需采用交流弧焊电源，如弧焊变压器，最好采用矩形波交流弧焊电源；焊接其他材料时，最好采用直流弧焊电源，如弧焊逆变器、弧焊整流器，且采用直流正接以减轻钨电极的烧损。

对等速送丝的熔化极氩弧焊，应选用平特性的弧焊整流器或弧焊逆变器；对变速送丝的熔化极氩弧焊，应选用下降特性的弧焊整流器或弧焊逆变器；对铝及其合金的熔化极氩弧焊，应选用矩形波交流弧焊电源。

对要求较高的钨极氩弧焊或熔化极氩弧焊，应选用脉冲弧焊电源作脉冲焊用。

4. CO_2 气体保护焊

一般选用平特性或缓降特性的弧焊整流器（如 ZPG1-500、ZPG7-1000）或弧焊逆变器，且一般采用直流反接。

5. 等离子弧焊

等离子弧焊一般多为非熔化极，应选用陡降或垂直陡降的直流弧焊电源，如弧焊整流器或弧焊逆变器等。

6. 脉冲弧焊

脉冲等离子弧焊和脉冲氩弧焊一般可选用单相整流式脉冲弧焊电源，对要求较高的场合，可选用晶闸管式、晶体管式及逆变式脉冲弧焊电源。

从上述可见，一种焊接工艺方法并非一定要用一种形式的弧焊电源，但是被选用的弧焊电源，必须满足该种惯用方法对电气性能的要求（其中包括外特性、调节特性、空载电压和动特性）。如果某些电气性能得不到满足，可通过改装的方式来实现，这说明弧焊电源具有一定的通用性。

能力知识点3　根据弧焊电源功率选择弧焊电源

1. 粗略确定弧焊电源的功率

焊接时，主要的工艺参数是焊接电流，为简便起见，就是按电流确定功率，可按照所需的焊接电流对照弧焊电源型号后面的数字来选择容量，如 BX1-300 后面的数字"300"表示额定焊接电流为 300A，只要实际焊接电流小于这个数值即可。

2. 根据负载持续率确定需用焊接电流

弧焊电源能输出多大功率（电流值），主要是由其发热程度来确定。因为发热量严重时，温升过高，弧焊电源的绝缘可能受到破坏，甚至烧坏有关元器件或整机。因而在弧焊电源标准中，对于不同绝缘级别规定了相应的允许温升。

弧焊电源的允许温升除取决于焊接电流的大小外，还取决于负载状态。当焊接电流一定时，长时间连续焊接则温升就高；间歇焊接则温升就低。因此，同一容量的电源在间歇焊时比连续焊时允许使用的焊接电流值大，这就是负载持续率对焊接电流许用值的影响。

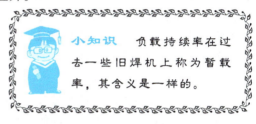

小知识　负载持续率在过去一些旧焊机上称为暂载率，其含义是一样的。

弧焊电源的负载持续率就是指弧焊电源负载运行持续时间占工作周期的比例，用符号 FS 表示。其数学表达式为

$$FS = \frac{t}{T} \times 100\% \tag{7-1}$$

式中　T——弧焊电源的工作周期，是负载与空载时间之和；

　　　t——负载运行持续时间。

例如工作周期为 5min，负载持续时间为 3min，空载（休止）时间为 2min，则 $FS = 60\%$。

标准所规定的负载持续率为额定负载持续率，以 FS_e 表示，有 15%、25%、40%、60%、80% 和 100% 六种。焊条电弧焊电源一般取 60%；轻便弧焊电源一般取 15% 或 25%；自动、半自动弧焊电源一般取 100% 或 60%。

弧焊电源铭牌上规定的额定电流就是指在额定负载持续率 FS_e 时允许使用的焊接电流 I_e，即在额定负载持续率 FS_e 下以额定焊接电流 I_e 工作时，弧焊电源不会超过它的允许温升。

根据发热量相同的原则，便可求出不同负载持续率 FS 下的许用焊接电流，即

$$Q = 0.24 I_A^2 R t_A = 0.24 I_B^2 R t_B$$

则

$$I_B = I_A \sqrt{\frac{t_A}{t_B}} = I_A \sqrt{\frac{FS_A}{FS_B}}$$

可见，若已知 A 种情况下额定值，则可推导出 B 种情况下的许用电流计算公式。其计算通式为

$$I = I_e \sqrt{\frac{FS_e}{FS}} \tag{7-2}$$

当实际的负载持续率比额定负载持续率大时,允许使用的焊接电流比额定电流小;反之,比额定电流大。

例如,已知某弧焊电源,$FS_e = 60\%$,输出额定电流 $I_e = 500A$,可按上式求出在其他 FS 下的许用电流,见表7-3。

表7-3 不同负载持续率下的许用焊接电流

FS	50%	60%	80%	100%
I/A	548	500	433	387

3. 额定容量(功率)

弧焊电源铭牌上一般都标有"额定容量"或"额定输入容量"等字样。额定容量 S_e 是电网必须向弧焊电源提供的额定视在功率。对弧焊变压器来说,它等于额定一次电压 U_{1e}(V)与额定一次电流 I_{1e}(A)的乘积。即

$$S_e = U_{1e} I_{1e}$$

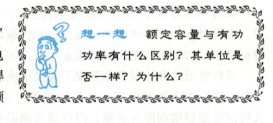

因此,根据铭牌上的额定容量及一次电压值,不但可以对电网的供电能力提出要求,还可以推算出一次额定电流大小,以便选择动力线直径及熔断器规格。

需要指出的是,弧焊电源铭牌上的额定容量是指视在功率,而实际运行中弧焊电源到底能输出多大有功功率,还取决于焊接电路的功率因数。功率因数是输出有功功率与视在功率的比值。弧焊变压器在额定状态下输出的有功功率为

$$P_e = U_{1e} I_{1e} \cos\varphi = S_e \cos\varphi \tag{7-3}$$

S_e 是指额定负载持续率 FS_e 下的额定容量,若 FS 不同,对应的容量 S 则为

$$S = S_e \sqrt{\frac{FS_e}{FS}} \tag{7-4}$$

4. 估算功率因数 $\cos\varphi$

在焊接电路中,消耗有功功率主要对象是焊接电弧,即电弧是焊接回路中的主要负载,因此可以使

$$\cos\varphi \approx \frac{U_h}{U_0}$$

由上式可知,在弧焊电源额定工作电压一定的情况下,空载电压 U_0 越高,功率因数越低。因此,弧焊电源铭牌上若注明额定工作电压及空载电压值 U_0,就可以估算出额定工作状态下的功率因数,判定该电源对电网的利用情况,作为选用弧焊电源经济性的参考。

能力知识点4 根据工作条件和节能要求选择弧焊电源

一般条件下,普遍采用单站式弧焊电源。对大型焊接车间,如在船体车间,其焊接站数多且集中,可采用多站式弧焊电源,对各个焊接工位集中供电。

对维修场合,因焊缝不长,连续使用时间较短,可选用负载持续率较低的弧焊电源,如采用负载持续率 FS 为 40%、25%,甚至 15% 的弧焊电源。必要时可采用降低空载电压损失的装置。

从节能的角度出发，应尽可能选用高效节能的弧焊电源，如首选弧焊逆变器，其次选弧焊整流器或弧焊变压器。

【综合训练】

一、填空题（将正确答案填在横线上）

1. 一般情况下，焊接普通低碳钢、民用建筑金属构件等产品及稀有气体保护焊等，选用_____弧焊电源即可。

2. 焊接热敏感性大的合金钢、薄板结构、厚板的单面焊双面成形和全位置自动焊中，采用_____弧焊电源较理想。

3. 一般焊条电弧焊电弧的静特性曲线工作在水平段，要求采用_____外特性的弧焊电源。

4. 埋弧焊一般选择容量较大的_____；当产品质量要求较高，应选用弧焊整流器或_____弧焊电源。

5. 对要求较高的钨极氩弧焊或熔化极氩弧焊，应选用_____弧焊电源作_____焊用。

6. CO_2气体保护焊一般选用平特性或缓降特性的_____或_____，一般采用直流正接。

二、简答题

1. 选择弧焊电源时应考虑哪些问题？
2. 比较交、直流弧焊电源的特点和经济性。
3. 弧焊电源的温升与哪些因素有关？
4. 什么是负载持续率和额定负载持续率？
5. 已知某焊条电弧焊工作周期为5min，负载时间为4min，求在这种工作状态下的负载持续率。
6. 已知某弧焊电源的$FS_e = 60\%$，输出额定电流$I_e = 300A$，分别求出$FS = 50\%$、80%、100%几种情况下的允许焊接电流。

综合知识模块2　弧焊电源附件的选择及安装

下面以应用最广的焊条电弧焊为例，简单介绍弧焊电源附件的选择与安装的知识。

图7-1所示为焊条电弧焊主电路。由图7-1可知，除了弧焊电源外，还有电缆、熔断

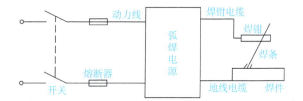

图7-1　焊条电弧焊主电路示意

器、开关等附件。下面先介绍有关附件的选择。

能力知识点 1　弧焊电源附件的选择

1. 电缆的选择

电缆包括从电网到弧焊电源的动力线和从弧焊电源到焊件、焊钳的焊接电缆（包括焊钳电缆、接地线电缆）。

（1）动力线的选择　动力线一般选用耐压为交流 500V 的电缆。室外使用时必须能耐日晒雨淋；室内使用时必须有更好的绝缘；移动电源应选用柔软的多芯电缆；固定电源应选用单芯电缆。YHC 重型橡套电缆应用较广泛。对单芯铜电缆，以电流密度 5～10A/mm² 选择导线截面；多芯电缆或电缆长度较大（大于 30m）时，以电流密度为 3～6A/mm² 选择导线截面。采用铝电缆时，导线截面应增大至铜电缆的 1.6 倍。常用动力线规格见表 7-4。

表 7-4　常用动力线规格

弧焊电源型号	动力线规格（YHC）/mm²	弧焊电源型号	动力线规格（YHC）/mm²
BX-500	16～25　双芯	BX3-500	16～25　双芯
BX1-135	6～10　双芯	BP-3×500	35～50　三芯
BX1-330	10～16　双芯	ZXG-120	5　三芯
BX2-500	20～40　双芯	ZXG-300	6　三芯
BX3-120	6～10　双芯	ZXG-500	10　三芯
BX3-300	10～16　双芯	ZXG-1000	25　三芯

（2）焊接电缆的选择　选择焊接电缆时，应考虑耐磨、能承受较大的机械外力和具有柔软性，以便于移动。我国有专用的 YHH 型焊接用橡套软电缆和 YHHR 型橡套特软电缆。

焊接电缆长度在 20m 以下时，以电流密度为 4～10A/mm² 选择导线截面积。根据焊接电流和电缆长度选择导线截面积的参考数据见表 7-5。

表 7-5　焊接电缆截面积与电流和电缆长度的关系

截面积/mm²　　长度/m　　焊接电流/A	20	30	40	50	60	70	80	90	100
100	25	25	25	25	25	25	25	28	35
150	35	35	35	35	50	50	60	70	70
200	35	35	35	50	60	60	70	70	70
300	35	50	60	60	70	70	70	85	85
400	35	50	60	70	85	85	85	95	95
500	50	60	70	85	95	95	95	120	120
600	60	70	85	85	95	95	95	120	120

当焊接电缆较长时，除根据电流密度选择导线截面积外，还应注意电缆压降对焊接工作的影响。电缆压降一般不宜大于额定工作电压的 10%，所以当焊接电缆较长时，应适当增大电缆截面。不同长度的电缆压降见表 7-6。

表7-6 不同长度的电缆压降

电缆使用条件	单根电缆长度/m		10	20	30	40	50	80	100
电流500A，截面积500mm²	电缆压降/V	20℃	1.95	3.90	5.85	7.80	9.75	15.60	19.50
		60℃	2.26	4.52	6.78	9.04	11.30	18.08	22.60

2. 熔断器的选择

熔断器是防止电路过载或短路的最常用的保护电路。常用的熔断器有管式、插式和螺旋式等。熔断器内装有熔丝，是用低熔点合金材料制成的，当电路过载或短路时，熔丝熔断，切断电路。

熔断器的选择主要是熔丝的选择。熔断器的额定电流应大于或等于熔丝的额定电流。

（1）弧焊变压器和整流器熔丝的选择　熔丝额定电流 I_{er} 应略大于弧焊电源额定一次电流 I_{1e}，一般取 $I_{er}=1.1I_{1e}$。

（2）弧焊整流器整流元器件过载保护熔丝的选择　一般的熔断器熔断时间较长，对整流元器件起不到保护作用。因此需采用银质熔丝的快速熔断器，一般按1.57倍元器件额定电流选取，并与电路串联进行保护；也可采用整机的过载保护装置。

3. 开关的选择

开关是将弧焊电源接在电网电源上的低压连接电器，主要用于电路隔离及不频繁地接通和分断电路之用。常用的有开启式开关熔断器组、封闭式开关熔断器组及断路器。

（1）开启式开关熔断器组

型号含义：

HK1、HK2系列开启式开关熔断器组规格见表7-7。

表7-7　HK1、HK2系列开启式开关熔断器组规格

型号	额定电流/A	极数	额定电压/V	可控制电动机功率/kW	熔丝规格	
					线径/mm	材料
HK1	15 30 60	2	220	1.5 3.0 4.5	1.45~1.59 2.30~2.52 3.36~4.00	软铅丝
	15 30 60	3	380	2.2 4.0 5.5	1.45~1.59 2.30~2.52 3.36~4.00	
HK2	10 15 30	2	250	1.1 1.5 3.0	0.25 0.41 0.56	纯铜丝
	15 30 60	3	500	2.2 4.0 5.5	0.45 0.71 1.12	

(2) 封闭式开关熔断器组

型号含义：

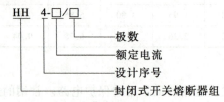

HH3、HH4 系列封闭式开关熔断器组规格见表 7-8。

表 7-8　HH3、HH4 系列封闭式开关熔断器组规格

型号	额定电压/V	额定电流/A	极数	熔体额定电流/A	熔体（纯铜丝）直径/mm
HH3	250/440	15	2/3	6	0.26
				10	0.35
				15	0.46
		30		20	0.65
				25	0.71
				30	0.81
		60		40	1.02
				50	1.22
				60	1.32
		100		80	1.62
				100	1.81
HH4	380	15		6	0.26
				10	0.35
				15	0.46
		30		20	0.61
				25	0.71
				30	0.80
		60		40	0.92
				50	1.07
				60	1.20

（3）断路器　断路器对电路和电气设备具有短路、过载和欠电压（电压过低）保护作用。断路器具有一般开关所没有的功能和特点，因而得到了广泛的应用。

断路器有塑壳式和万能式两种。常用的 DZ5-20、DZ10-100 系列塑壳式断路器，其技术数据见表 7-9 和表 7-10。

对于弧焊变压器、弧焊整流器和弧焊逆变器等，应使开关额定电流等于或大于弧焊电源的一次额定电流。

能力知识点 2　弧焊电源的安装

1. 弧焊整流器、弧焊逆变器和晶体管式弧焊电源的安装

（1）安装前的检查

1）新的长期未用的电源，在安装前必须检查绝缘情况，可用 500V 绝缘电阻表测定。但

表 7-9 DZ5-20 系列断路器的技术数据

型号	额定电压/V	额定电流/A	极数	脱扣器形式	脱扣器额定电流/A（括号内为整定电流调节范围）	电磁脱扣器瞬时动作整定值/A
DZ5-20/200	交流380 直流220	20	2	无脱扣器	—	—
DZ5-20/300			3			
DZ5-20/210			2	热脱扣器	0.15(0.10~0.15) 0.20(0.15~0.20) 0.30(0.20~0.30) 0.45(0.35~0.45) 0.65(0.45~0.65)	为热脱扣器额定电流的 8~12 倍
DZ5-20/310			3			
DZ5-20/220			2	电磁脱扣器	1.00(0.65~1.00) 1.50(1.00~1.50) 2.00(1.50~2.00) 3.00(2.00~3.00) 4.50(3.00~4.50)	
DZ5-20/320			3			
DZ5-20/230			2	复式脱扣器	6.50(4.50~6.50) 10.00(6.50~10.00) 15.00(10.00~15.00) 20.00(15.00~20.00)	
DZ5-20/330			3			

表 7-10 DZ10-100 系列断路器的技术数据

型号	额定电压/V	额定电流/A	极数	脱扣器形式	复式脱扣器		电磁脱扣器	
					额定电流/A	瞬时动作整定电流/A	额定电流/A	瞬时动作整定电流/A
DZ10-100/200	交流380 直流220	100	2	无脱扣器	15 20 25 30	脱扣器额定电流的 10 倍	15 20 25	脱扣器额定电流的 10 倍
DZ10-100/300			3					
DZ10-100/210			2	热脱扣器	40 50 60		30 40 50	
DZ10-100/310			3					
DZ10-100/230			2	复式脱扣器	80 100		100	脱扣器额定电流的 6~10 倍
DZ10-100/330			3					

在测定前，应先用导线将整流器或硅整流器件、大功率晶体管组短路，以防止硅器件或晶体管被过电压击穿。

焊接电路、二次绕组对机壳的绝缘电阻应大于 2.5MΩ。整流器及一、二次绕组对机壳的绝缘电阻应不小于 2.5MΩ。一、二次绕组之间的绝缘电阻也应不小于 5MΩ。与一、二次电路不相连接的控制电路与机架或其他各电路之间的绝缘电阻不小于 2.5MΩ。

2）在安装前检查其内部是否有因运输而损坏或接头松动的情况。

（2）安装时注意事项

1）电网电源功率是否够用，开关、熔断器和电缆选择是否正确，电缆的绝缘是否良好。

2）弧焊电源与电网间应装有独立开关和熔断器。

3）动力线和焊接电缆线的导线截面和长度要合适，以保证在额定负载时动力线电压降不大于电网电压5%；焊接回路电缆线总压降不大于4V。

4）机壳接地或接零。对电网电源为三相四线制的，应将机壳接在中性线上；对不接地的三相三线制，应将机壳接地。

5）采取防潮措施。

6）安装在通风良好的干燥场所。

7）弧焊整流器通常都装有风扇对硅器件和绕组进行通风冷却，接线时一定要保证风扇转向正确。通风窗与阻挡物间距不应小于300mm，以便于内部热量顺利排出。

2. 弧焊变压器的安装

接线时首先应注意出厂铭牌上所标的一次电压数值（有380V、220V，也有380V和220V两用）与电网电压是否一致。

弧焊变压器一般是单相的，多台安装时，应分别接在三相电网上，并尽量使三相平衡。

其余事项与弧焊整流器安装相同。

【综合训练】

一、填空题（将正确答案填在横线上）

1. 弧焊电源动力线一般选用耐压为_____的电缆。对单芯铜电缆，以电流密度_____选择导线截面；多芯电缆或长度较大（大于30m）时，以电流密度为_____选择导线截面。采用铝电缆时，导线截面应增大至铜电缆的_____倍。

2. 当焊接电缆较长时，除根据电流密度选择导线截面外，还应注意_____对焊接工作的影响。

3. 熔断器的选择主要是_____的选择。熔断器的额定电流应等于或大于_____的额定电流。

4. 弧焊电源常用的开关有_____、_____和_____。

5. _____具有一般开关所没有的功能和特点，因而得到了广泛的应用。

二、简答题

1. 焊接电缆的选择原则是什么？
2. 如何选择熔断器？
3. 开关有哪几种形式？它在电路中起什么作用？
4. 弧焊变压器、弧焊整流器在安装时应分别注意哪些问题？

三、实践部分

结合焊接实训基地已有的各种弧焊电源，合理选择电缆、熔断器和开关；学会各种弧焊电源的安装，熟悉各种弧焊电源安装应注意的事项。

综合知识模块3　弧焊电源的使用

正确使用弧焊电源，不仅能保证其工作性能正常，而且能延长其使用寿命。

能力知识点 1　使用及维护常识

1）使用前，必须按产品说明书或有关标准对弧焊电源进行检查，了解其基本原理，为正确使用建立一定的理论知识基础。

2）焊前要仔细检查各部分的接线是否正确，焊接电缆接头是否拧紧，以防过热或烧损。

3）弧焊电源接电网后或进行焊接时，不得随意移动或打开机壳的顶盖。如要移动，应在停止焊接、切断电源之后。

4）空载运转时，首先听其声音是否正常，再检查冷却风扇是否正常鼓风，旋转方向是否正确；另外，空载时焊钳和焊件不能接触，以防短路。

5）机件要保持清洁，定期用压缩空气吹净灰尘，定期检修。机体上不许堆放金属或其他物品，以防短路或损坏机体。

6）弧焊电源必须在铭牌上规定的电流调节范围内及相应的负载持续率下工作，否则有可能使温升过高而烧坏绝缘，缩短使用寿命。若必须在最大负荷下工作时，应经常检查弧焊电源的受热情况。若温升过高，应立即停机或采用其他降温措施。

7）使用弧焊整流器时，应注意硅器件的保护和冷却，以及磁饱和电抗器是否受振动、撞击而影响性能的稳定性。如硅器件损坏了，要在排除故障和更换硅器件之后才能继续使用。

8）调节焊接电流和换挡时应在空载下进行，或在切断电源时进行。

9）要建立必要的管理使用制度。

能力知识点 2　弧焊电源的串、并联使用

1. 电源极性鉴别

直流弧焊电源在串、并联使用时，首先遇到的问题是弧焊电源的极性接法问题。如果电源极性接法不当，不但达不到预期目的，甚至可能烧坏电源。若电源使用年份已久，二次接线板上没有正负极标志时，就需要自行鉴别电源的极性。常用的方法有下列几种。

（1）直流电压表鉴别法　将直流弧焊电源的两极，接于量程大于100V直流电压表的正负接线柱上，若表针按顺时针方向转动，则说明电源与电压表正极相接的一端是正极，另一端为负极。

（2）碳棒鉴别法　将碳棒与焊件分别接于直流弧焊电源两输出端并引弧。若电弧燃烧稳定，并且将电弧拉得很长时（40~50mm）也不熄灭，熄弧后碳棒端面光滑，则说明碳棒接的一端为电源的负极，焊件接正极，即直流正接法。若电弧燃烧不稳定，稍一拉长就熄灭，且碳棒易发红，端面不整齐，说明碳棒接的一端为电源的正极（直流反接法）。

（3）盐水鉴别法　将直流电源的两极接上导线浸入溶有食盐的水溶液中，产生气泡较多的一端是电源的负极，另一端为电源的正极。

2. 弧焊电源的串联使用

当一台弧焊电源的空载电压或工作电压不够用时，可以将多台弧焊电源串联起来使用。如在等离子弧切割中，需用2~3台直流弧焊电源串联起来，才能提供足够高的空载电压。

多台弧焊电源串联时，一般采用同型号弧焊电源，其容量应相近，焊接电流不能超过参

与串联的任一电源的额定值。并要特别注意采用顺接，即使正负极相连，如图7-2所示。串联后总空载电压为

$$U_0 = U_{01} + U_{02} + U_{03}$$

对于弧焊变压器，首先是一次额定电压值必须相同，而且必须接到电网同一相上；另外，各弧焊变压器接入电网后，要用电压表检查各变压器输出端极性。方法是先将两台弧焊变压器的二次绕组任意两个接线端相连，然后用电压表接其余两个接线端。若电压表指示为两台弧焊变压器空载电压之和，则接法正确；若电压表指示为两台弧焊变压器空载电压之差，则接法不正确，应调换二次绕组的接线端，如图7-3所示。

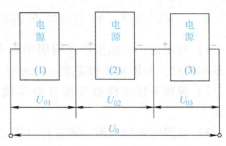

图7-2 多台弧焊电源串联示意图

3. 弧焊电源的并联使用

当一台弧焊电源的焊接电流不够用时，可把多台弧焊电源并联起来使用，但要注意均衡电流、极性等问题。例如，当两台弧焊电源并联时，假设它们的空载电压分别为 U_{01}、U_{02}，等效阻抗分别为 Z_1、Z_2，如图7-4所示，若 $U_{01} > U_{02}$，则在两台电源内部产生均衡电流为

$$I = \frac{U_{01} - U_{02}}{Z_1 + Z_2}$$

由上式可见，两台电源的空载电压之差越小，Z_1、Z_2 之和越大，均衡电流便越小。均衡电流的存在会造成无用的电能消耗，因而希望并联的两台电源的空载电压相等为好。

当接入负载时，电源1的输出电流为

$$I_1 = \frac{U_{01} - U_h}{Z_1}$$

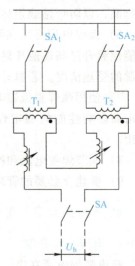

图7-3 弧焊变压器串联使用接线图

电源2的输出电流为

$$I_2 = \frac{U_{02} - U_h}{Z_2}$$

总的负载电流为

$$I_h = I_1 + I_2$$

两台电源的等效阻抗可能不相等，为使两台电源的输出电流基本相等，虽然可以通过相应调节空载电压 U_{01} 和 U_{02} 来达到，但这样一来因空载电压不同，空载时又会产生均衡电流。因此，弧焊电源并联使用时，负载电流在并联的两电源中按与阻抗成反比的原则分担，即存在电流协调分配问题。使用时应使空载电压相近，调节阻抗使负载电流的分担与电源的容量相近。

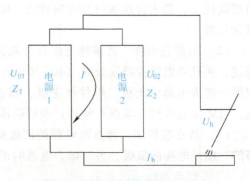

图7-4 弧焊电源并联使用示意图

(1) 交流弧焊变压器并联使用　并联使用时应注意以下几点。

1) 输入端电压相同,输出空载电压相同,不管弧焊变压器的型号、容量是否相同,都可以并联使用。

2) 空载电压不同,则并联时在空载情况下会出现均衡电流,应设法进行改装,使彼此空载电压相同,最好是将高空载电压改为低空载电压。

3) 将参与并联的各弧焊变压器的一次绕组接在电网同一相上,二次绕组必须同极性相连,如图7-5所示。检查二次绕组接线极性是否正确时,可先将两台电源的二次绕组任意两个接线端相联,然后用电压表接其余两接线端,若电压表指示近似为零则接法正确;若约为两倍空载电压(即两台电源空载电压之和)则为不正确,需调换二次绕组的接线端。

4) 并联运行时,要注意负载电流的协调分配。可通过各弧焊变压器的电流调节装置进行调节,根据各自容量的大小,按比例调节输出电流。

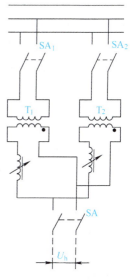

图7-5　弧焊变压器并联使用接线图

(2) 弧焊整流器的并联使用　弧焊整流器并联使用如图7-6所示。外特性陡降的弧焊整流器,都可把相同的极性并联起来使用。由于有整流器件彼此起阻断作用,所以不会因空载电压不同而产生均衡电流。但不同的弧焊整流器并联运行时,仍要注意电流的合理协调分配。先分别调节弧焊整流器1和2,使它们的空载电压和输出电压分别相同,然后合上开关SA_1、SA_2和SA_3。在焊接过程中,不可任意变动焊接电流,如需改变,必须将两台弧焊整流器同时调整到相同的电压和电流。另外,还必须注意观察电流表,以维持负载的平衡。

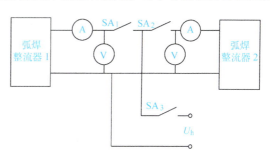

图7-6　弧焊整流器并联使用接线图

弧焊整流器并联后,也可进行单个弧焊整流器操作,但必须将另一台弧焊整流器的开关SA_1或SA_2断开。

能力知识点3　弧焊电源的改装

弧焊电源具有一定的通用性,但当其通用性不能满足某种焊接工艺要求时,可尽量选用性能接近或较易改装的弧焊电源加以改装使用。

1. 提高弧焊变压器的空载电压

交、直流两用的碱性低氢型焊条(如J506),要求交流弧焊变压器的空载电压在70~75V以上才能保证焊接时电弧稳定燃烧,但有些弧焊变压器达不到这一要求。因此,必须对这些设备进行改装,方法是增加变压器二次绕组匝数。下面以BX1-330弧焊变压器为例,改装办法如下。

(1) 加绕电缆　用一根焊接用的软电缆在变压器原一次绕组2的外侧,顺原二次绕组1的绕制方向绕若干圈,再在二次绕组6的外侧以同样方法按一定比例绕若干圈(二次绕组1

外绕的匝数为二次绕组 6 外绕的 3 倍，这样可以使输出电流基本保持不变，只增加空载电压），然后将电缆的一端接在变压器二次侧的接线柱上，另一端接焊钳。改装方法如图 7-7 所示。

用上述方法进行改装，可保证在电流基本保持不变的情况下，原二次绕组 1 每增加 1 匝，空载电压提高 3V 左右。例如在大电流档时，在二次绕组 1 外面增加 3 匝，二次绕组 6 外面增加 1 匝，就可使空载电压由 60V 提高到 70V 左右。

（2）改变原弧焊变压器二次绕组的连接方式　BX1-330 弧焊变压器在大、小电流档时都只用了部分二次绕组而闲置了其余部分。为充分利用所有的二次绕组，将原弧焊变压器中二次绕组的抽头与匝数为 7 匝的二次绕组的连线断开，然后将断开的两个线头用 50mm^2 的导线引至原接

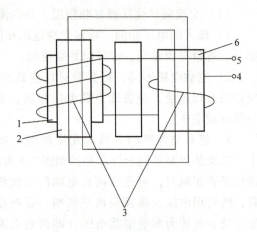

图 7-7　BX1-330 改装示意图之一
1—原二次绕组　2—原一次绕组
3—增加二次绕组　4—原焊钳接线柱
5—接焊钳　6—起电抗作用的原二次绕组

线板新增加的两个接线柱 6、7 上接好，另外再配置一块铜板作为连接板。改装后示意图如图 7-8 所示。

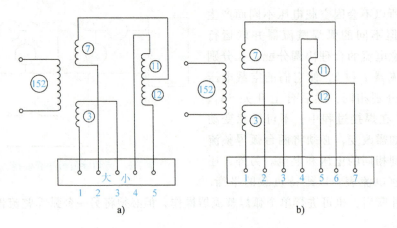

图 7-8　BX1-330 改装示意图之二
a）改装前　b）改装后

改装后的弧焊变压器既保持了原有的性能，又使电流调节增为四档。只要改变一下连接板的位置，就可获得四种空载电压和电流值。改装后的弧焊变压器适用于直流或交、直流两用的碱性低氢型焊条的焊接。但要注意，改装后的空载电压达到了 90V，应注意安全。

改装后四种连线的空载电压及电流调节范围见表 7-11。

2. 由大容量弧焊电源获得小焊接电流

某些弧焊电源在使用小电流时电弧很不稳定，这就需要改装。如弧焊变压器，可以采用增加弧焊变压器的电抗，或在焊接电路中串联电抗或电阻。在二次绕组外侧，用焊接电缆或扁铜线顺着原来绕线方向缠绕几匝。这样，在提高空载电压的同时，使焊接电流的最小值降低，可以得到小电流。与此同时，最大可调电流也一起降低到某一数值。

表 7-11　四种连线的空载电压及电流调节范围

接线种类	接线板上焊钳及地线号	接线柱连接方式	空载电压/V	焊接电流调节范围/A
1	1,5	3、4 相连	70	150~180
2	1,5	2、3 相连 6、7 相连	60	160~450
3	1,5	4、6 相连 2、3 相连	90	110~240
4	2,5	4、6 相连	80	100~220

3. 由弧焊变压器改装成交、直流两用弧焊整流器

在 BX1-300 型弧焊变压器的输出端加装如图 7-9 所示的整流装置，此时，其直流输出空载电压高达 100V，输出电流≤300A。采用硅器件组成单相桥式全波整流电路，用电抗器 L、电容器 C 组成 Ⅱ 型滤波环节，以减小交流成分，改善动特性。

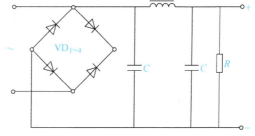

图 7-9　整流装置电路图

整流装置中所用主要元器件参数为

1）$VD_{1~4}$——硅整流器件，2ZC-200A/220V，共 4 个。

2）C——电解电容，30~200μF/150V，共 2 个。

3）R——绕线电阻，820Ω，1 个。

4）L——电抗器，可自制。

4. 交流弧焊电源加装高频振荡器

用交流弧焊电源焊接短焊缝时，可能因焊条的引弧性能不好而影响焊接质量。若在交流弧焊电源中附加一高频振荡器，就会很容易引弧，并可以大大改善电弧的稳定性，提高焊接质量。附加高频振荡器的方式有两种：并联或串联接入焊接电路，如图 7-10 所示。

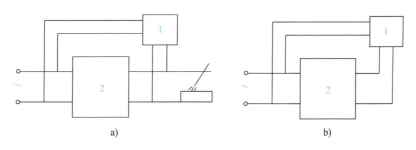

图 7-10　交流弧焊电源加装高频振荡器原理图
a）并联式　b）串联式
1—高频振荡器　2—交流弧焊电源

5. 一机改为多机使用

对于使用较小焊接电流的大容量弧焊电源，可以一机改装成多机使用。

（1）弧焊变压器改装　把原弧焊变压器的一个电抗器改成三个可调电抗器。原来的电抗器不必拆掉，作为其中一个使用，再做两个新的可调电抗器，原电抗器和新加电抗器并联后供多站使用。如需用大电流，原电抗器仍可单独使用。改装示意如图 7-11 所示。

（2）弧焊整流器改装　磁饱和电抗器式弧焊整流器可较为方便地改装成所需的性能。如焊条电弧焊用的磁饱和电抗器式弧焊整流器属下降外特性，为更好地适应细丝 CO_2 气体保护焊使用，可

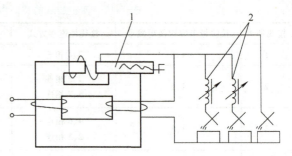

图 7-11　弧焊变压器改装示意图
1—原电抗器　2—新加电抗器

把磁饱和电抗器三个内桥电阻去除（由部分内反馈变成全部内反馈）或增大内桥电阻阻值，这样就变成平特性或缓降外特性的细丝 CO_2 气体保护焊电源了。

同样，若需用它来作为脉冲弧焊的电源，可利用磁饱和电抗器阻抗不平衡，降低某一相的电压或把恒定的励磁电流改为脉冲式励磁电流（改装控制电路）等措施，把它改装成脉冲弧焊电源。

6. 实现焊接电流遥控

在高空作业或距离弧焊变压器较远的地方施焊时，焊工想调节焊接电流就需要往返于工作地点和焊机之间，既浪费时间又增加了劳动量，这时只要给弧焊变压器附加一些机电装置，就可以实现焊接电流的远距离调节。目前较普遍采用的是加装小功率电动机来实现焊接电流的遥控。

加装电动机，通过它带动调节丝杠使动铁心或动线圈移动，即可实现电流遥控，该电动机可用遥控盒或遥调杆操纵。

使用遥调杆可省去控制电缆，其工作原理如图 7-12 所示。图中 M 为带减速器的电动机，遥调杆由二极管及限流电阻串联而成。A 为磁放大器，它的构成是在矩形磁滞回线制成的环形铁心上分别绕上适当的线圈。环形铁心串联在焊接电缆中，以焊接电缆为其控制线圈，A 的两个工作线圈分别经二极管与继电器线圈 KA_1、KA_2 串联。当弧焊变压器 T_h 空载时，两

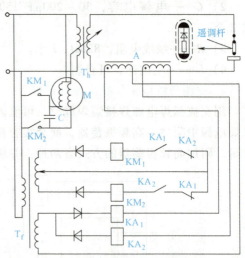

图 7-12　用遥调杆遥控焊接电流原理图

个继电器均因电流通过而动作，将 KA_1、KA_2 的两个常闭触点打开，所以接触器 KM_1、KM_2 不动作，电动机不转动。需调节电流时，把遥调杆接到焊钳和焊件之间，焊接电路通过的单向半波电流使磁环中的一个去磁（不饱和），而另一个增磁（更饱和）。这样，与去磁磁环工作线圈串联的继电器线圈电流减少，继电器释放，而另一个继电器则保持吸合。例如，若 KA_1 保持吸合，KA_2 释放，则 KM_1 吸合，电动机向某一个方向旋转，从而带动铁心或动线圈移动，实现了遥调焊接电流。

当遥调杆倒过来接通时，焊接电路中的电流反向，继电器通断状态也相反。这时 KM_2

动作，电动机向另一方向旋转。正常焊接时，A 控制线圈即焊接电缆有较大的交流电流通过，磁放大器类似电流互感器，两继电器均工作，所以电动机不转动。该遥控装置的优点是电流调节方便，不需遥控电缆；缺点是装置构造较复杂，改装费用大。

用遥控盒调节焊接电流的装置原理如图 7-13 所示，通过遥控盒中的按钮即可控制电动机 M 的正反转。按 SB_1 时，KM_1 吸合，M 正转，电流增大；按 SB_2 时，KM_2 吸合，M 反转，电流减小。该遥控装置的缺点是需要一个遥控盒和较长的控制电缆，这会给焊接操作带来不便；优点是结构简单，故障率低而且容易维修。

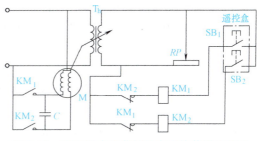

图 7-13　用遥调盒调节焊接电流的装置原理图

总之，只有在弄清各种弧焊电源基本原理基础上，才可根据需要进行改装。

【综合训练】

一、填空题（将正确答案填在横线上）

1. 当一台弧焊电源的_____或_____不够用时，可以将多台弧焊电源串联起来使用。

2. 当一台弧焊电源的_____不够用时，可把多台弧焊电源并联起来使用，但要注意_____、_____等问题。

二、简答题

1. 直流弧焊电源极性判别时常用哪些方法？
2. 多台弧焊变压器串联使用时应注意哪些问题？
3. 什么是均衡电流？它的存在会造成什么影响？
4. 多台弧焊变压器并联使用时应注意哪些问题？

三、实践部分

1. 对实训场地或实验室的直流弧焊电源进行极性鉴别，学会直流弧焊电源极性鉴别的各种方法。
2. 进行弧焊电源的串、并联，学会弧焊电源的串、并联方法，掌握串、并联的注意事项。
3. 根据焊接实训场地弧焊电源的情况，学习并实施弧焊电源的改装。

综合知识模块 4　节约用电及安全用电

能力知识点 1　节约用电

弧焊电源是耗电量较大的电气设备之一，应注意节约用电，可从如下几方面考虑。

1. 以高效节能弧焊电源取代耗电量较高的弧焊电源

过去使用的弧焊发电机效率低（仅 50% 左右），空载损耗大（1.5～4.2kW·h），而弧焊整流器，尤其是晶闸管式弧焊整流器的空载损耗仅为 0.25~0.55kW·h，是同级弧焊发电机的 1/5，这样每台每年可节约不少电能。

弧焊逆变器的空载损耗只有几十瓦至几百瓦，效率高达 80%~90%，功率因数为 0.9~0.99，节能效果比弧焊整流器还要显著。

因此，从节能角度考虑，最好用高效节能弧焊电源取代耗电量较高的弧焊电源。随着弧焊逆变器研制和生产水平的提高，应推广使用弧焊逆变器。

2. 提高功率因数

弧焊电源，特别是具有大漏抗或大电抗的弧焊电源，其功率因数 $\cos\varphi$ 较低（如弧焊变压器的功率因数仅有 0.3~0.6），因此有必要提高它的功率因数，以减少电网无功功率的损失。

弧焊变压器功率因数等于从电网吸收的有功功率 P 与额定视在功率 S_e 之比，它等于弧焊变压器一次电流 I_1 与一次电压 U_1 之间相位差的余弦，即

$$\cos\varphi = \frac{P}{S_e} \tag{7-5}$$

为了节约电力和减小输配电设备的容量，可在变压器的一次侧并联补偿电容器，以提高功率因数。所需补偿的电容容量 P_{sc} 为

$$P_{sc} = K_c P_s$$

式中　P_s——弧焊变压器的使用容量；

　　　K_c——系数，取决于补偿前的功率因数 $\cos\varphi_1$ 及补偿后的功率因数 $\cos\varphi_2$。

对于 K_c，有

$$K_c = \sqrt{1-\cos^2\varphi_1} - \frac{\cos\varphi_2}{\cos\varphi_1}\sqrt{1-\cos^2\varphi_2}$$

为了充分利用电容器的电压等级以减小其容量，可在变压器的一次侧加升压抽头，电容器接在抽头之间，如图 7-14 所示。这时要注意电容器额定电压须等于或大于抽头端电压。经补偿后可使弧焊变压器的视在功率减少 20%，损耗大为降低，开关和电缆等部件的容量可减小，且使电网电压波动的影响减小，电弧更加稳定。但须指出，在空载时，并联于一次电路的电容仍构成回路，同样要消耗电能，所以，对使用率不高的弧焊变压器，加装电容无太大实际意义。

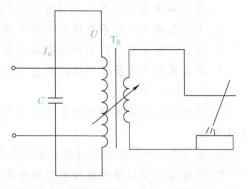

图 7-14　弧焊变压器加补偿电容器接线图

3. 降低弧焊电源的空载损失

弧焊变压器在空载时，一次绕组中仍有电流通过，其空载损失相当可观，一般达 300~500W，因此可以考虑加装焊机空载自动节电装置。

能力知识点 2　安全用电

弧焊电源是电气设备，如不加注意或不采取必要的安全措施，可能会发生设备、人身事故，造成不可挽救的损失。

1. 保护人身安全措施

焊条电弧焊电源的空载电压一般达 60～90V，而焊工经常在高湿度的现场操作，易触电，因此应采取防止触电的安全措施。

（1）避免接触带电部件

1）电源的带电端钮应加保护罩。

2）电源的带电部分与机壳之间应有良好的绝缘。

3）连接焊钳的导线不许用裸线，应采用绝缘导线，焊钳本身应有良好的绝缘。

（2）限制人所能接触到的电压　有时人难免要接触到某些带电物体，因而只有限制这些带电体的电压才能确保安全。例如，规定出弧焊电源空载电压的最大允许值，要求控制电路的交流电压不得大于 36V（直流电压不得大于 48V）；工作灯电压不得大于 12V。

（3）增大绝缘电阻　增大人体绝缘电阻有许多方法，如接触高压时戴橡皮手套，焊条电弧焊时带皮手套，穿胶底鞋，坐下工作时应坐木凳，在金属容器内工作时应戴橡皮帽等。

（4）机壳接地或接零　在正常情况下，机壳本身不带电。但当弧焊电源内部带电部分与机壳间的绝缘被击穿而发生碰壳时，就会使机壳带电，这时操作人员接触机壳就会触电。为保证人身安全，应采取如下措施。

1）保护接地。这通常适用于对地绝缘的配电系统及无保护接地设备。在三相三线制或单线制供电系统中，焊机必须装保护性接地装置，即通过机壳上的接地螺钉与大地相连，如图 7-15 所示。当人体接触带电的机壳时，通过人体的电流 I_r 仅是全部事故电流 I_d 的一部分，即

$$I_r = \frac{R_b}{R_b + R_r} I_d$$

式中　R_b——保护接地装置的接地电阻，R_b 越小，流经人体的电流也越小。

只要把 R_b 控制在适当范围内（通常规定不大于 4Ω），就能保证人身安全。

2）保护接零。保护接零适用于三相四线制，电源中性点接地的配电系统中。机壳通过接地螺钉接到中性线上，即电网中性点接地。当产生碰壳时，由于中性线电阻很小，经中性线与机壳会流过很大的短路电流，使断路器或熔断器等保护设备立即动作，迅速切断电源，从而保护人身安全，如图 7-16 所示。

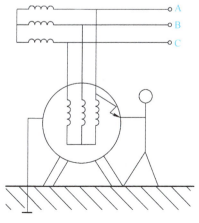

图 7-15　保护接地

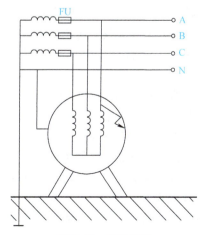

图 7-16　保护接零

（5）接入自动降低空载电压装置　这种装置实际上就是前面提及的节电装置。它的种类很多，常见的是在一次侧自动串联阻抗。这种装置不仅可降低空载电压，达到防止触电的目的，而且也能使空载损耗减小，达到节约用电的目的。图 7-17 所示为一实例，其工作原理简述如下。

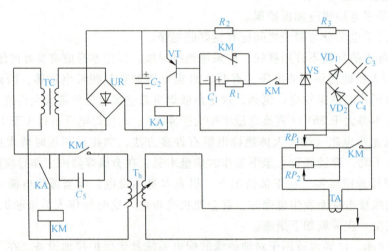

图 7-17　晶体管式节电装置原理图

空载时，晶体管 VT 无偏流，故继电器 KA 和接触器 KM 无动作。在弧焊变压器一次电路中因有电容 C_5 串联，使空载电压值较低，焊接时，焊条与焊件短接，在焊接电路中先有一较小电流，由互感器 TA 经整流后给晶体管 VT 提供偏流，则继电器 KA 和接触器 KM 动作，弧焊变压器一次绕组不经电容器 C_5 而接入电网，即转入正常焊接。焊接停止时，因电容器 C_1 经电阻 R_1、R_2、VT 的基极放电，经延时后继电器 KA、接触器 KM 断开，空载电压又被降低。

考虑到焊接工艺和使意外断弧后电弧能立即恢复等的需要，稍经延时后再降低空载电压是必要的，所以图中的稳压二极管 VS 就是为保护和稳定延时而设的。串联的电容器 C_5 的电容量随弧焊变压器的容量和所需降低的电压值而异。

2. 保护设备安全

弧焊电源应经开关和熔断器接入电网，尽量避免在带负载下切断开关，以免经常在开关接触处发生电弧使开关损坏。

因大功率硅整流器件过载能力较差，故平特性弧焊整流器一般应具有过载保护装置，而下降特性的弧焊整流器不一定需要。各个整流器件虽可选用相应的快速熔断器作保护，但较多采用的是整机过载保护。图 7-18 是多种整机过载保护装置中的一种。图中互感器 TA_1、TA_3 反映整机的输入电流。当电

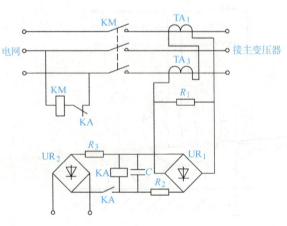

图 7-18　整机过载保护原理图

流超过一定限度时,继电器 KA 动作,于是切断输入电路。UR_2 部分系保证输入切断而设。

能力知识点3　焊接安全用电措施

对于比较干燥而触电危险较大的环境,安全电压为36V;对于潮湿而触电危险较大的环境,安全电压为12V。而在焊接工作中,所用设备大都采用380V或220V的电压,焊机的空载电压也在50V以上,这都超过了国家规定的安全电压,所以应采取必要的安全防护措施和安全教育,以防止人身触电事故及设备损坏事故的发生。特别是阴雨天或潮湿的地方更要注意防护,主要应注意以下几个方面。

1）所有焊接中使用的各种焊机应平稳放置放在通风、干燥的地方,需露天作业的,要做好防雨、防雪工作。

2）焊接设备的安装、修理和检查应由电工进行,焊工不得私自拆修。焊机发生故障时,应立即切断电源,通知电工检修。

3）焊接作业前,应先确认焊机外壳可靠接地（或接零）,电缆接线良好。若不满足上述两条件则不得开始作业。

4）闭合电源的刀开关时（如果焊机使用刀开关）,必须戴绝缘干燥的皮手套且头部偏斜,站在左侧。闭合开关的推拉动作要快,以防面部被电火花灼伤。

5）起动焊机时,焊钳与焊件不能接触,以防短路。调节电流及极性接法时,应在空载情况下进行。

6）为了防止电焊钳与焊件之间发生短路而烧坏焊机,焊接工作结束时,应先将电焊钳放在可靠的地方,再将电源切断。

7）电焊钳应有可靠的绝缘,特别在容器、管道等设备内部作业焊接时,不允许采用简易无绝缘外壳的电焊钳,以防止发生意外。

8）焊接的接地线电缆与焊件的连接必须可靠,严禁使用工地、厂房的金属结构、管道或导轨作为焊接电路的接地线。

能力知识点4　触电急救常识

发生触电事故时,在保证救护者本身安全的同时,必须首先设法使触电者迅速脱离电源,然后进行相应抢救工作。

对于低压触电事故,可采用下列方法使触电者脱离触电电源。

1）如果触电地点附近有电源开关或电源插座,可立即断开开关或拔出插头,切断电源。切断电源时应注意,断开的开关可能只是控制一根线,也有可能只切断中性线而没有断开电源的相线。

2）如果触电地点附近没有电源开关或电源插座,可用有绝缘柄的电工钳或干燥木柄的斧头切断电线,断开电源,或用干木板等绝缘物插到触电者身下,以隔断电流。

3）当电线搭落在触电者身上或压在身下时,可用干燥的衣服、手套、绳索、皮带或木棍等绝缘物作为工具,拉开触电者或挑开电线,使触电者脱离电源。

4）如果触电者的衣服是干燥的,又没有紧缠在身上,可以用一只手抓住触电者的衣服,将其拉离电源。但因触电者的身体是带电的,其鞋的绝缘也可能遭到破坏,所以救护人员不得接触触电者的皮肤,也不能抓触电者的鞋。

5)若触电发生在低压带电的架空线路上或配电台架、进户线上,对可立即切断电源的,应迅速断开电源。救护者在做好自身防触电、防坠落措施的情况下,应迅速登杆或登至可靠的地方,用绝缘工具使触电者脱离电源。

对于高压触电事故,可采用下列方法尽快使触电者脱离触电电源。

1)立即通知有关部门断电。

2)戴上绝缘手套,穿上绝缘鞋,用相应电压等级的绝缘工具按顺序拉开开关。

3)抛掷金属裸线使线路短路接地,迫使保护装置动作,断开电源。注意抛掷金属线之前,先将金属线的一端可靠接地,然后抛掷另一端;注意抛掷的一端不可触及触电者和其他人。

当触电者脱离电源后,应根据触电者的具体情况迅速对症救护。现场应用的主要救护方法是人工呼吸法和胸外心脏按压法。对于需要救治的触电者,大体按以下三种情况分别处理。

1)如果触电者伤势不重、神志清醒,但有些心慌、四肢发麻、全身无力,或者触电者在触电过程中曾一度昏迷,但已经清醒过来,应使触电者安静休息,不要走动。严密观察并立即请医生前来诊治或送往医院。

2)如果触电者伤势较重,已失去知觉,但还有心脏跳动和呼吸,应使触电者舒适、安静地平卧,保持周围空气流通,解开其衣物以利呼吸。如天气寒冷,要注意保温,并立即请医生诊治或送往医院。如果发现触电者呼吸困难、微弱,或发生痉挛,应立即做进一步的抢救。

3)如果触电者伤势严重,呼吸停止或心脏跳动停止,或二者都已停止,应立即施行人工呼吸和胸外心脏按压,立即请医生诊治并送往医院。应当注意,急救要尽快地进行,为后续的救治争取时间。在送往医院的途中,也不能中止急救。如果现场仅一个人实施急救,则应交替实施口对口人工呼吸和胸外心脏按压,每次吹气 2~3 次,再按压 10~15 次,而且吹气和按压的速度都应比双人操作的速度快一些,以免降低抢救效果。

实验研究和统计表明,如果从触电后 1min 开始救治,则 90% 可以救活;如果从触电后 6min 开始抢救,则仅有 10% 的救活机会;而从触电后 12min 开始抢救,则救活的可能性极小。因此,当发现有人触电时,应争分夺秒,采用一切可能的办法立即施救。

【综合训练】

简答题

1. 如何提高弧焊变压器的空载电压?
2. 试述自动降低空载电压装置的原理。

单元小结

1)弧焊电源是焊接设备中决定电气性能的关键部件。弧焊电源的选择应根据焊接电流的种类、焊接工艺方法、弧焊电源的功率、工作条件和节能等综合考虑并正确地选择。如根据焊接工艺方法，通常焊条电弧焊电弧静特性工作在水平段，采用下降的电源外特性；埋弧焊电弧处于静特性曲线的水平段或略上升段，在等速送丝时，宜选用较平缓的下降特性，在变速送丝时，则选用陡降外特性；钨极氩弧焊应选用陡降的电源外特性或恒流特性的交流弧焊电源或直流弧焊电源；熔化极氩弧焊应选用平特性（等速送丝）或下降特性（变速送丝）的弧焊整流器、弧焊逆变器；CO_2 气体保护焊一般选用平特性或缓降的电源外特性的弧焊整流器、弧焊逆变器；等离子弧焊一般采用非熔化极，应选用陡降或垂直陡降外特性的直流弧焊电源。

2）弧焊电源附件的选择包括电缆、熔断器和开关等。

3）弧焊电源应进行正确安装和使用。各种弧焊电源在安装前应进行认真检查，并按使用说明书中的安装要求正确进行安装。

4）弧焊电源的负载持续率是用来表示焊接电源工作状态的参数，它表示在选定的工作时间周期内，允许焊接电源连续使用的时间，用 FS 表示，即

$$FS = \frac{负载运行持续时间}{负载运行持续时间+空闲休息时间} \times 100\%$$

弧焊电源额定容量为

$$S_e = U_{1e} I_{1e}$$

功率因数为

$$\cos\varphi \approx \frac{U_h}{U_0}$$

5）弧焊电源的改装。弧焊电源具有一定的通用性，但当其通用性不能满足某种焊接工艺要求时，可尽量选用性能接近或较易改装的弧焊电源加以改装使用。如由弧焊变压器改装成交、直流两用的弧焊整流器、一机改为多机使用、实现焊接电流遥控等。

6）弧焊电源应尽量节约用电，可采用提高功率因数、降低弧焊电源的空载损耗、采用高效节能弧焊电源等措施。应采取必要的安全防护措施和安全教育，以防止人身触电事故及设备损坏事故的发生。

[焊接工匠]

吕杰，女，汉族，生于1972年7月，甘肃钢铁职业技术学院、甘肃省冶金高级技术学院实训指导教师、酒泉钢铁（集团）有限责任公司职工培训中心特种设备焊工考试中心技能指导教师、嘉峪关市酒钢三中客座教师、吕杰焊接创新工作室负责人、国家技能鉴定中心高级考评员、国家级技能大赛裁判员、钢结构检验师。

她熟练掌握了手工电弧焊等多项技术。她所带的培训班被业内称为"劳模班"。她为企业解决过无数的焊接难题。曾获全国女职工建功立业标兵、全国技能人才培育突出贡献奖等荣誉。

"焊花"吕杰：钢铁世界也"柔情"

吕杰是活在钢铁世界里的女人。

自参加工作以来，吕杰多次代表甘肃省参加过各类大赛，并取得了优异的成绩，获得多项荣誉：1996 年第一次参加酒钢职工岗位练兵比武，获得第二名；2001 年在酒钢女职工技能比武中获得第一名；2002 年参加全国冶金系统第五届青工技术比武，获团体第六名；2004 年在参加甘肃省青工技术比武中，她以自己深厚的技术功底，在来自全省的众多强手中脱颖而出，取得个人第一名，并荣获"甘肃省杰出青年岗位技术能手"称号，成为酒钢公司唯一的女焊工高级技师；2005 年评选为嘉峪关市优秀女职工；2006 年被全国总工会授予"全国女职工建功立业标兵"称号；2008 年被公司推选为奥运火炬手；2011 年被学院评为优秀党务工作者；2012 年被学院评为优秀教师；2012 年获得全国人社部授予的"国家技能人才培育突出贡献奖"；同年被评为 2011—2012 年度酒钢集团公司先进个人；2014 年荣获"全国教书育人楷模"称号；同年荣获"信合杯"第三批甘肃省"最美人物"；2015 年被评为酒钢集团公司"劳动模范"；2015 年全国"寻找最美教师"大型公益活动中被评为"最美教师"；2016 年被评为甘肃省中职院校焊接技能大赛优秀指导教师，中国技能大赛—第 44 届世界技能大赛甘肃省选拔赛优秀指导教师；2017 年荣获嘉峪关市五一劳动奖章；2018 年荣获甘肃省五一劳动奖章。

1990 年，她进入甘肃酒泉钢铁集团公司，误打误撞改行成为一名电焊学徒工。第一次摸焊把，火花四溅的景象吓得她躲了好远。师傅教训她，"吃不了苦，还学什么技术！"她心里较劲，一点点蹭着步子往前蹭，重新拿起焊把。

弥漫的烟尘里，属于吕杰的，如火花般亮眼的人生开始了。

坦白来讲，那次不愉快的职业"初体验"让吕杰心生抵触。然而刚一入厂，行业对女焊工的质疑却首先激起了她的斗志。

"这个职业女生到底能不能干？"

"能干啊！"虽然身体还没适应焊工脏、苦、累的职业属性，但吕杰要强的性格驱使自己站出来反驳，"师傅说了，只要干一行爱一行，就没啥不行。"

学徒期间，她放弃了最后一个暑假，每天进行焊接练习。高温聚拢下的实训车间炙热得像个蒸笼，电焊发出刺耳的声音，滋溅出一束束火团把焊接钢板烧的发红。

在男人的行业里"打排位"，吕杰必须具备同男人一样的力量，甚至比男人更有吃苦劲儿、忍耐劲儿。学徒半年，她终于可以像师傅一样焊出漂亮的焊缝，她形容：那种感觉就像在不断打磨雕刻一件艺术品，你会欣赏、享受它，甚至会为它陶醉很久。

突如其来的欣喜和满足，使得吕杰对职业的自我认知有了重新考量。事实证明，从抵触到喜欢，只隔了一条焊缝的距离，她越来越钟爱"焊接"。

后来，在单位的定岗考试中，吕杰考出了第一名。她成为单位重点培养的"好苗子"，陆续参加了各类的职业技术大赛。

第一次在全国行业比赛中亮相是 2002 年。

三个月的酷暑，吕杰每天坚持 7 个半小时的高强度训练。她每天要领上一大堆钢板，然后用手动砂轮机为钢板除锈，打磨容器，再按照比赛要求组装考试试件，用三种方法进行焊接。

比赛要求独立作业。由于条件有限，吕杰搬着几十斤的铁疙瘩来回更换场地。师兄师弟看她实在辛苦，想上前帮忙却屡屡遭拒，最后不得不由衷赞叹，"吕杰，我怀疑你是铁人！"最终，吕杰的团队在全国冶金系统第五届青年比武大赛中夺得团队第六名的好成绩。

吕杰从不怠慢机会。

2005年振兴杯全国青年职业技能大赛，108名参赛选手，只有她一位"女将"。4个半小时的赛程，她在格子间中争分夺秒、不停焊接、忘我投入。比赛结束后，她摘掉焊帽，才发现自己早已被长枪短炮包围，成为记者报道的焦点。此次比赛，吕杰取得31名的突破性成绩。自己"火了"，她反倒紧张起来，"更要好好做了。做不好，给女焊工丢人！"

"要么干、要么不干，要干一定要干到最好。"成长的道路上，吕杰的耳边总萦绕着老一辈产业工人对晚辈的耳提面命。他们对技术的卓越追求和坚定信仰，如参天大树的粗壮根茎蔓延扎进吕杰的心里，又滋养她结出"匠心育人"的硕果。

2009年，吕杰走出企业，跨界成为甘肃钢铁职业技术学院的一名焊接专业老师，希望把技术技能发扬光大，培养更多高素质的技术技能型人才。

从工厂车间一脚踏上了三尺讲台，她每天都在弥漫着焊接烟尘的实训车间里忙碌着，将自己的"绝技绝活"和参加大赛的成功经验总结成一套科学的焊接高技能人才培训方法，即以焊缝质量合格为中心，一手抓体能训练，一手抓心理辅导，同时发现学生技术特长并总结推广，重视因材施教，重视"焊接文化"在枯燥技能训练过程中的艺术感染过程。

焊缝质量是焊接操作的生命线，她把学生体能训练糅合到技能提升过程中，让学生在练习各种焊接姿势的同时，掌握身体的平衡性和舒展性，从而为适应复杂多变的焊接环境提供保障。

结合高职教育的特点，她还构建了"职业引导、行业平台、工学结合、三岗实训"的人才培养模式。以社会需求和市场发展为导向，合理安排学生实习课题与周次，制定了循序渐进的实训教学计划，使学生的实训项目逐步完善，便于掌握操作技能。

在多年的执教生涯中，吕杰始终以高标准、严要求著称，她的学生也不负众望，在各类技能大赛中，多次载誉而归。近三年来，她参与指导培训特种设备焊接操作人员200余人，学员持《特种设备作业人员证》项目近700项；指导培训学员近300人，其中中级工技能鉴定合格率95%，高级工技能鉴定合格率88%。

如今，吕杰带领以她名字命名的"吕杰国家级技能大师工作室"释放着无限的活力，签署师徒协议，为企业培养高素质的技术技能型人才；面向社会征集焊接技术难题，锻炼队伍攻克技术瓶颈，申报立项省市级教科研项目，创造经济效益和社会价值。

附录

附录 A 电焊机型号编制方法

电焊机型号是根据 GB/T 10249—2010《电焊机型号编制方法》制定的。电焊机包括电弧焊机、电阻焊机、电渣焊机、电子束焊机、激光焊机等。下面仅对与弧焊电源有直接关系的电弧焊机型号编制方法作一介绍。

现将《电焊机型号编制方法》摘要如下，供使用时参考。

1. 主题内容和适用范围

本编制方法规定了电焊机及其控制器等型号的编制原则。适用产品范围大类名称如下：

A. 弧焊发电机

B. 弧焊整流器

C. 弧焊变压器

D. 埋弧焊机

E. TIG 焊机

F. MIG/MAG 焊机

G. 电渣焊机

H. 点焊机

I. 凸焊机

J. 缝焊机

K. 对焊机

L. 等离子弧焊机和切割机

M. 超声波焊机

N. 电子束焊机

O. 光束焊机

P. 冷压焊机

Q. 摩擦焊机

R. 钎焊机

S. 高频焊机

T. 螺柱焊机

U. 其他焊机

Ⅴ．控制器

各大类按其特征和用途又分为若干小类。

2. 编制原则

1）部分电焊机型号代表字母及序号见表 A-1
2）产品型号由汉语拼音字母及阿拉伯数字组成
3）产品型号的编排顺序为

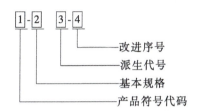

① 型号中第 2、4 项用阿拉伯数字表示。
② 型号中第 3 项用汉语拼音字母表示。
③ 型号中第 3、4 项如不用时，可空缺。
④ 改进序号按产品改进程序用阿拉伯数字连续编号。

4）产品符号代码的编排顺序为

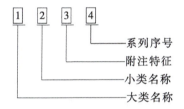

① 产品符号代码中第 1、2、3 项用汉语拼音字母表示。
② 产品符号代码中第 4 项用阿拉伯数字表示。
③ 附注特征和系列序号用于区别同小类的各系列和品种，包括通用和专用产品。
④ 产品符号代码中第 3、4 项如不需表示时，可空缺。
⑤ 可同时兼作几大类焊机使用时，其大类名称的代表字母按主要用途选取。
⑥ 如果产品符号代码中第 1、2、3 项的汉语拼音字母表示的内容，不能完整表达该焊机的功能或有可能存在不合理的表述时，产品的符号代码可以由该产品的产品标准规定。

5）编制型号举例：自动横臂式脉冲熔化极氩气及混合气体保护焊机，额定焊接电流 400A，其型号为

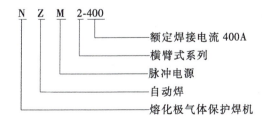

表 A-1 电焊机型号代表字母及序号

序号	第一字位		第二字位		第三字位		第四字位		第五字位	
	代表字母	大类名称	代表字母	小类名称	代表字母	附注特征	数字序号	系列序号	单位	基本规格
1	B	交流弧焊机（弧焊变压器）	X P	下降特性 平特性	L	高空载电压	省略 1 2 3 4 5 6	磁放大器或饱和电抗器式 动铁心式 串联电抗器式 动线圈式 晶闸管式 变换抽头式		
3	Z	直流弧焊机（弧焊整流器）	X P D	下降特性 平特性 多特性	省略 M L E	一般电源 脉冲电源 高空载电压 交、直流两用电源	省略 1 2 3 4 5 6 7	磁放大器或饱和电抗器式 动铁心式 动线圈式 晶体管式 晶闸管式 变换抽头式 逆变式		
4	M	埋弧焊机	Z B U D	自动焊 半自动焊 堆焊 多用	省略 J E M	直流 交流 交、直流 脉冲	省略 1 2 3 9	焊车式 横臂式 机床式 焊头悬挂式	A	额定焊接电流
5	N	MIG/MAG焊机	Z B D U G	自动焊 半自动焊 点焊 堆焊 切割	省略 M C	直流 脉冲 CO_2 保护焊	省略 1 2 3 4 5 6 7	焊车式 全位置焊车式 横臂式 机床式 旋转焊头式 台式 焊接机器人 变位式		
6	W	TIG焊机	Z S D Q	自动焊 手工焊 点焊 其他	省略 J E M	直流 交流 交、直流 脉冲	省略 1 2 3 4 5 6 7 8	焊车式 全位置焊车式 横臂式 机床式 旋转焊头式 台式 焊接机器人 变位式 真空充气式		

（续）

序号	第一字位		第二字位		第三字位		第四字位		第五字位	
	代表字母	大类名称	代表字母	小类名称	代表字母	附注特征	数字序号	系列序号	单位	基本规格
7	L	等离子弧焊机和切割机	G H U D	切割 焊接 堆焊 多用	省略 R M J S F E K	直流等离子弧 熔化极等离子弧 脉冲等离子弧 交流等离子弧 水下等离子弧 粉末等离子弧 热丝等离子弧 空气等离子弧	省略 1 2 3 4 5 8	焊车式 全位置焊车式 横臂式 机床式 旋转焊头式 台式 手工等离子	A	额定焊接电流
17	E	电子束焊机	Z D B W	高真空 低真空 局部真空 真空外	省略 Y	静止式电子枪 移动式电子枪	省略 1	二级枪 三级枪	A	额定焊接电流
19	G	激光焊机	省略 M	连续激光 脉冲激光	D Q Y	固体激光 气体激光 液体激光			A	额定焊接电流

附录 B 常用弧焊电源的主要技术数据

表 B-1 常用弧焊变压器的主要技术数据

技术数据	同体式	多站式
	BX2-1000	BP-3×500[①]
额定焊接电流 I_e/A	1000	3×500(12×155)
电流调节范围 $I_{hmin} \sim I_{hmax}$/A	400~1200	(35~210)
二次空载电压 U_0/V	69~78	70
额定工作电压 U_{he}/V	42	(25)
一次电压 U_1/V	220/380	220/380
额定一次电流 I_{1e}/A	340/196	320/185
额定负载持续率 FS_e(%)	60	100(65)
额定输入容量 S_e/kV·A	76	122
效率 η(%)	90	95
功率因数 $\cos\varphi$	0.62	
质量 m/kg	560	700(62)
外形尺寸 长 l/mm	741	1360(316)
外形尺寸 宽 b/mm	950	860(402)
外形尺寸 高 h/mm	1220	1120(732)
用途	埋弧焊电源 具有远距离调节电流装置	多头焊条电弧焊电源 可同时供12个焊工单独操作，使用直径为2~5mm的焊条

(续)

技术数据		动铁心式		
		BX1-160	BX1-300[②]	BX1-500
额定焊接电流 I_e/A		60	300	500
电流调节范围 $I_{hmin} \sim I_{hmax}$/A		45~160	75~360	115~680[③]
二次空载电压 U_0/V		49~51	75	60
额定工作电压 U_{he}/V		21.8~26.6	32	40
一次电压 U_1/V		220/380	380	380
额定一次电流 I_{1e}/A		41/24.7	64	82.5
额定负载持续率 FS_e(%)		20	60	60
额定输入容量 S_e/kV·A		9/9.4	24.3	31
效率 η(%)				81.5
功率因数 $\cos\varphi$		78		0.61
质量 m/kg		42		200
外形尺寸	长 l/mm	540	580	880
	宽 b/mm	350	420	518
	高 h/mm	550	665	751
用途		焊条电弧焊电源		
		适用于厚度1~8mm低碳钢的焊接,使用焊条直径为1.6~3.2mm	适用于中等厚度低碳钢的焊接,使用焊条直径为3~7mm	适用于3mm以上低碳钢的焊接,使用焊条直径为3~7mm

技术数据		动圈式			抽头式
		BX3-120	BX3-300	BX3-500	BX6-120
额定焊接电流 I_e/A		120	300	500	120
电流调节范围 $I_{hmin} \sim I_{hmax}$/A		20~160[③]	40~400[③]	60~670[③]	45~160
二次空载电压 U_0/V		70~75	60~75	60~70	50
额定工作电压 U_{he}/V		25	30	30	24.8
一次电压 U_1/V		380	380	380	380
额定一次电流 I_{1e}/A		23.5	54	87.4	15.8
额定负载持续率 FS_e(%)		60	60	60	20
额定输入容量 S_e/kV·A		9	20.5	23.2	6
效率 η(%)		81	83	87	70
功率因数 $\cos\varphi$		0.45	0.53	0.52	0.6
质量 m/kg		100	190	275	25
外形尺寸	长 l/mm	485	520	587	400
	宽 b/mm	480	525	560	252
	高 h/mm	630	800	883	193
用途		焊条电弧焊电源			
		适用于薄板焊接,使用焊条直径为1.6~3.2mm	适用于中等厚度钢板焊接,使用焊条直径为2~7mm	适用于厚钢板的焊接,使用焊条直径为2~7mm	适用于薄板焊接,使用焊条直径为1.6~3.2mm

① 括号内的数据是电抗器数据。
② 梯形动铁心。
③ 分大小两档。

表 B-2　常用硅弧焊整流器的主要技术数据

技术数据		动圈式 下降特性 ZXG1-400	抽头式 平特性 ZPG-200	多站式[①] ZPG6-1000	交、直流两用式 下降特性 ZXG9-500
输出	额定焊接电流 I_e/A	400	200	1000	500
	电流调节范围 $I_{hmin} \sim I_{hmax}$/A	100~480		(15~300,6个同)	100~600
	空载电压 U_0/V	71.5	14~30	60	82
	额定工作电压 U_{he}/V	36		(30)	40
	额定负载持续率 FS_e(%)	60	100	100(60)	60
	额定输出功率 P_e/kW	14.4	6		
输入	电网电压 U_1/V	380	380	380	380
	相数 n	3	3	3	1
	频率 f/Hz	50	50	50	50
	额定一次相电流 I_{1e}/A	42	11.4		120
	额定容量 S_e/kV·A	27.7	7.5	70	45
效率 η(%)		76.5	80	86	
功率因数 $\cos\varphi$		0.68			
质量 m/kg		238		400(35)	323
外形尺寸	长 l/mm	685	730	650(530)	450
	宽 b/mm	570	522	620(360)	720
	高 h/mm	1075	1070	1170(710)	955
用途		焊条电弧焊电源适于厚钢板的焊接,使用焊条直径为3~7mm	CO_2 气体保护焊电源(配 NBC1-200 型 CO_2 气体保护焊机)	多头焊条电弧焊电源,可同时供6个300A焊钳工作	焊条电弧焊、交直流钨极氩弧焊电源

技术数据		磁饱和电抗器式			
		下降特性 ZXG-400	下降特性 ZXG7-300-1	平特性 ZPG1-500	平、降两用 ZPG7-1000
输出	额定焊接电流 I_e/A	400	300	500	1000
	电流调节范围 $I_{hmin} \sim I_{hmax}$/A	40~480	20~300	35~500	200~1000(降)100~1000(平)
	空载电压 U_0/V	80	72	75	70~90
	额定工作电压 U_{he}/V	36	25~30	15~42	28~44(降)30~50(平)
	额定负载持续率 FS_e(%)	60	60	60	100
	额定输出功率 P_e/kW	14.4	9.6	21	
输入	电网电压 U_1/V	380	380	380	380
	相数 n	3	3	3	3
	频率 f/Hz	50	50	50	50
	额定一次相电流 I_{1e}/A	53		56	152
	额定容量 S_e/kV·A	34.9	22	37	100
效率 η(%)		75	68	88	80
功率因数 $\cos\varphi$					0.65
质量 m/kg		310	200	450	800

（续）

技术数据		磁饱和电抗器式			
		下降特性		平特性	平、降两用
		ZXG-400	ZXG7-300-1	ZPG1-500	ZPG7-1000
外形尺寸	长 l/mm	690	410	1180	950
	宽 b/mm	490	600	830	700
	高 h/mm	952	790	656	1500
用途		焊条电弧焊电源，使用焊条直径为3~7mm	主要用作钨极氩弧焊电源。有电流衰减装置，特别适合封闭焊缝的焊接	氩弧焊、CO_2气体保护焊电源	粗丝CO_2气体保护焊及埋弧焊电源

① 括号内的数据是整定变阻器数据。

表 B-3　常用晶闸管式弧焊整流器的主要技术数据

技术数据		平陡两用特性	平特性
		ZDK-500	NBC1-300 的电源
输出	额定焊接电流 I_e/A	500	
	电流调节范围 I_{hmin}~I_{hmax}/A	500~600（陡降）允许最大 600（平）	50~300
	额定工作电压 U_{he}/V	40（陡降）	
	电压调节范围 $U_{min-max}$/V	最大电流时工作电压>45V（陡降）15~50（平）	17~30
	额定负载持续率 FS_e(%)	80	70
	额定输出功率 P_e/kW		
输入	电网电压 U_1/V	380	380
	相数 n	3	3
	频率 f/Hz	50	50
	额定一次相电流 I_{1e}/A		
	额定容量 S_e/kV·A	36.4	
效率 η(%)			
功率因数 $\cos\varphi$			
质量 m/kg		350	260
外形尺寸	长 l/mm	940	485	电源与控制箱做成一体
	宽 b/mm	540	585	
	高 h/mm	1000	1020	
用途		可作焊条电弧焊、CO_2气体保护焊、氩弧焊、等离子弧焊、埋弧焊电源	配 NBC1-300 CO_2半自动焊机，作CO_2气体保护焊电源

附录

表 B-4 常用脉冲弧焊电源的主要技术数据

技术数据		基本:三相磁饱和电抗器式弧焊整流器,陡降特性 脉冲:单相整流式,平特性 ZPG3-200	基本:三相硅整流式,电阻限流,陡降特性脉冲:晶体管式,陡降特性 NSA5-25 的电源	
输出	额定焊接电流 I_e/A	脉冲 200〔100Hz 平均值〕		
	电流调节范围 $I_{hmin} \sim I_{hmax}$/A	基本 10~80	基本 0.8~3 脉冲 1~25	
	空载电压 U_0/V	基本 75	基本 100 脉冲 30	
	额定工作电压 U_{he}/V	基本 30;脉冲有效值 20~40		
	脉冲频率 f/Hz	50,100	15~45	
	额定负载持续率 FS_e(%)	60	60	
	额定输出功率 P_e/kW			
输入	电网电压 U_1/V	380	380	
	相数 n	基本:三相;脉冲:单相	3	
	频率 f/Hz	50	50	
	额定一次相电流 I_{1e}/A	47		
	额定容量 S_e/kV·A	31		
效率 η(%)				
功率因数 $\cos\varphi$				
质量 m/kg		385	55	
外形尺寸	长 l/mm	715	440	电源与控制箱做成一体
	宽 b/mm	555	500	
	高 h/mm	1130	250	
用途		配 NZA20-200 自动氩弧焊机,NBA2-200 半自动氩弧焊机,作氩弧焊电源,可焊不锈钢、铝及铝合金等	配 NSA5-25 手工钨极氩弧焊机,作氩弧焊电源,可焊接厚度为 0.1~0.5mm 的不锈钢板	

表 B-5 常用晶闸管式弧焊逆变器的主要技术数据

技术数据		ZX7-250	ZX7-400	CARRYWELD-350
输出	额定焊接电流 I_e/A	250	400	350
	电流调节范围 $I_{hmin} \sim I_{hmax}$/A	50~300	80~400	25~350
	空载电压 U_0/V	70	80	71
	额定工作电压 U_{he}/V			32
	额定负载持续率 FS_e(%)	60	60	35
	额定输出功率 P_e/kW			
输入	电网电压 U_1/V	380	380	380
	相数 n	3	3	3
	频率 f/Hz	50	50	50/60
	额定一次相电流 I_{1e}/A			12
	额定容量 S_e/kV·A	9	21.3	7.9
效率 η(%)		83	85.7	
功率因数 $\cos\varphi$		0.95	0.95	
质量 m/kg		33	75	42
外形尺寸	长 l/mm		600	645
	宽 b/mm		360	293
	高 h/mm		460	413
用途		TIG 焊电源	焊条电弧焊、TIG 焊电源	脉冲 MIG 焊电源

表 B-6　常用场效应晶体管式弧焊逆变器的主要技术数据

	技术数据	ZXC-63	ZX6-160	LUB315
输出	额定焊接电流 I_e/A	63	160	315
	电流调节范围 $I_{hmin} \sim I_{hmax}$/A	3~63	5~160	8~315
	空载电压 U_0/V	50	50	56
	额定工作电压 U_{he}/V		16	24
	额定负载持续率 FS_e(%)	60	60	60
	额定输出功率 P_e/kW			
输入	电网电压 U_1/V	220	380	380
	相数 n	1	3	3
	频率 f/Hz	50/60	50/60	50/60
	额定一次相电流 I_{1e}/A			
	额定容量 S_e/kV·A			9.8
效率 η(%)		82	83	85
功率因数 $\cos\varphi$		0.99	0.99	0.95
质量 m/kg		9	16	58
外形尺寸	长 l/mm	430	500	
	宽 b/mm	180	220	
	高 h/mm	270	300	
用途		TIG 焊电源	焊条电弧焊、TIG 焊电源	焊条电弧焊、微机控制的各种气体保护焊的电源

表 B-7　常用 IGBT 式弧焊逆变器的主要技术数据

	型号规格	ZX7-160	ZX7-200	ZX7-250	ZX7-315	ZX7-400
	电源要求	三相四线制　380V　50Hz				
	额定输入容量 S_e/kV·A	3	4.3	6	12	13
	额定焊接电流 I_e/A	160	200	250	315	400
	额定负载持续率 FS_e(%)	60	60	35	60	60
	电流调节范围 $I_{hmin} \sim I_{hmax}$/A	16~160	20~200	25~250	40~315	60~400
	效率 η(%)	85				
	质量 m/kg	21	27	20 35	32 37	40 45
外形尺寸	长 l/mm	430	475	475	475	580
	宽 b/mm	230	295	295	295	300
	高 h/mm	380	410	410	410	510

参 考 文 献

[1] 秦曾煌. 电工学：上册　电工技术 [M]. 7版. 北京：高等教育出版社，2018.
[2] 丁承浩. 电工学 [M]. 北京：机械工业出版社，1999.
[3] 刘继平. 工业电子学 [M]. 北京：机械工业出版社，1999.
[4] 李益民. 电路基础 [M]. 成都：西南交通大学出版社，2001.
[5] 瞿祖庚. 机械电工电子学 [M]. 北京：机械工业出版社，1991.
[6] 李清新. 电工技术 [M]. 北京：机械工业出版社，2004.
[7] 席时达. 电工技术 [M]. 5版. 北京：高等教育出版社，2010.
[8] 中国机械工程学会焊接学会. 焊接手册：焊接方法及设备 [M]. 3版. 北京：机械工业出版社，2016.
[9] 曾乐. 现代焊接技术手册 [M]. 上海：上海科学技术出版社，1993.
[10] 陈善本. 焊接过程现代控制技术 [M]. 哈尔滨：哈尔滨工业大学出版社，2001.
[11] 王建勋，任廷春. 弧焊电源 [M]. 3版. 北京：机械工业出版社，2009.
[12] 黄石生. 弧焊电源及其数字化控制 [M]. 2版. 北京：机械工业出版社，2017.
[13] 王皖贞. 电子技术 [M]. 北京：国防工业出版社，2001.
[14] 徐咏冬. 电工与电子技术 [M]. 北京：机械工业出版社，2008.
[15] 杜韦辰. 电工与电子技术 [M]. 北京：北京工业大学出版社，2011.
[16] 姚锦卫. 焊接电工 [M]. 北京：机械工业出版社，2013.
[17] 张胜男，王建勋，任廷春. 焊接电工 [M]. 3版. 北京：机械工业出版社，2018.